国家示范性高等职业教育新形态"一体化"系列精品教材

高职高专院校机械设计制造类专业"十三五"规划教材

车削加工与技能训练

CHEXIAO JIAGONG
YU JINENG XUNLIAN

主　编 ◎ 余心明　李相富

副主编 ◎ 杜文忠　龙艳萍　孙艳芬

主　审 ◎ 许大华

华中科技大学出版社

http://www.hustp.com

中国·武汉

图书在版编目(CIP)数据

车削加工与技能训练/余心明,李相富主编. —武汉:华中科技大学出版社,2018.7
ISBN 978-7-5680-4059-4

Ⅰ.①车… Ⅱ.①余… ②李… Ⅲ.①车削 Ⅳ.①TG51

中国版本图书馆 CIP 数据核字(2018)第 169662 号

车削加工与技能训练
Chexiao Jiagong yu Jineng Xunlian

余心明　李相富　主编

策划编辑:张　毅
责任编辑:段雅婷
封面设计:孢　子
责任校对:李　琴
出版发行:华中科技大学出版社(中国·武汉)　　电话:(027)81321913
　　　　　武汉市东湖新技术开发区华工科技园　　邮编:430223
录　　排:武汉正风天下文化发展有限公司
印　　刷:武汉科源印刷设计有限公司
开　　本:787mm×1092mm　1/16
印　　张:12
字　　数:297 千字
版　　次:2018 年 7 月第 1 版第 1 次印刷
定　　价:38.00 元

为贯彻落实国务院《关于加快发展现代职业教育的决定》（国发〔2014〕19号）的精神，我们根据教育部制定的高职高专技能型人才培养方案以及"车削加工与技能训练"课程的教学基本要求编写了这本书。本书的编写结合了国内高职院校课程的改革实践，借鉴了同类课程的有益经验，根据新形势下高等职业教育专业人才的培养目标和要求，加强基础，突出能力，注重素质，强调自身特色。

本教材以突出职业意识和职业能力的培养为主线，突出专业知识的实用性、综合性和先进性，其基本理论以应用为目的，以"必需、够用"为度，以讲清概念、强化应用为重点，注重实践性、启发性和科学性，注重对学生创新能力、创业能力和创造能力的培养。

全书共有8个模块：模块1为机械加工基础，模块2为切削基本知识，模块3为切削内孔基本知识，模块4为车削内外圆锥与偏心工件基本知识，模块5为表面修饰与切削液基本知识，模块6为螺纹加工基本知识，模块7为切削蜗杆基本知识，模块8为复杂工件切削基本知识。每个模块又分为若干个项目，项目中包含有相应的技能训练。

本书主要适用于机械设计与制造、机电一体化、模具设计与制造、数控技术、汽车等机械类、近机械类高职高专院校的教学，也可作为其他相关专业的教材或参考书，还可供从事机械制造的工程技术人员参考。

本书由徐州工业职业技术学院余心明、李相富担任主编，徐州工业职业技术学院杜文忠、济南工程职业技术学院龙艳萍、常州机电职业技术学院孙艳芬担任副主编。全书由徐州工业职业技术学院许大华主审，由余心明统稿和定稿。另外，孟宝星、李家顺、戴青、张广秀、李明山对本书的编写给予了大力的支持。在此对全体编审人员以及所有对本书的出版给予支持和帮助的同志，表示衷心感谢！

在本书的编写过程中参阅了一些国内外出版的同类书籍，在此特向有关作者表示衷心感谢！

由于编者水平所限，书中疏漏与不妥之处在所难免，恳请同行专家及广大读者批评指正。

编　者
2018年5月

模块 1
机械加工基础

 知识目标

    （1）学习机床的型号是如何表示的。

    （2）了解 CA6140 和 CS6140 机床型号的含义。

 技能目标

    （1）会调整摩擦离合器摩擦片间的间隙。

    （2）会排除车床的常见一般故障。

    （3）会对车床进行维护和保养。

◀ 项目 1 车床基础知识 ▶

一、车床简介

CA6140 型车床是我国自行设计的卧式车床,其外形结构如图 1-1 所示,由床身、主轴箱、交换齿轮箱、进给箱、溜板箱、刀架、尾座、床脚及冷却装置、照明装置等部分组成。

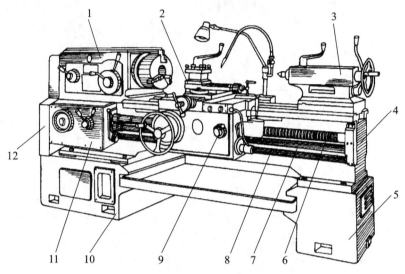

图 1-1 CA6140 型车床

1—主轴箱;2—刀架;3—尾座;4—床身;5,10—床脚;6—丝杠;
7—光杠;8—操纵杆;9—溜板箱;11—进给箱;12—交换齿轮箱

1. 床身

床身是车床精度要求很高的带有导轨(山形导轨和平导轨)的一个大型基础部件,用于支撑和连接车床的各个部件并保证各部件在工作时有准确的相对位置。

2. 主轴箱

主轴箱又称床头箱,支撑并传动主轴带动工件做旋转主运动。主轴箱内装有齿轮、轴等组成变速传动机构,变换主轴箱的手柄位置可使主轴得到多种转速。主轴通过卡盘等夹具装夹工件并带动工件旋转以实现车削加工。

3. 交换齿轮箱

交换齿轮箱又称挂轮箱,交换齿轮箱把主轴箱的传动动力传递给进给箱。通过改变挂轮箱内的变速机构来改变箱内齿轮啮合,可以车削各种螺距的螺纹或蜗杆,并满足在车削加工时对不同纵、横向进给量的需求。

4. 进给箱

进给箱又称走刀箱,是进给传动系统的变速机构。它把交换齿轮箱传递过来的运动经过变速后传递给丝杠,可实现车削各种螺纹的运动,传递给光杠,可实现机动进给运动。

5. 溜板箱

溜板箱接受光杠或丝杠传递的运动以驱动床鞍和中、小滑板及刀架实现车刀的纵、横向进给运动。其上还装有一些手柄及按钮,可以很方便地操纵车床来选择诸如机动、手动、车螺纹及快速移动等运动方式。

6. 刀架

刀架由两层滑板(中、小滑板)、床鞍与刀架体共同组成,用于安装车刀并带动车刀做纵向、横向或斜向运动。

7. 尾座

尾座安装在床身导轨上并沿此导轨纵向移动,以调整其工作位置。尾座主要用来安装后顶尖,以支撑较长工件并增加其刚度,也可安装钻头、铰刀等进行孔加工。

8. 床脚

前后两个床脚分别与床身前后两端下部连为一体,用以支撑安装在床身上的各个部件。同时通过地脚螺栓和调整垫块使整台车床固定在工作场地上,并使床身调整到水平状态。

9. 冷却装置

冷却装置主要通过冷却水泵将水箱中的切削液加压后喷射到切削区域,降低切削温度,冲走切屑,润滑加工表面,以提高刀具使用寿命和工件的表面加工质量。

10. 照明装置

照明装置使用安全电压,提供充足的光线,保证明亮清晰的操作环境。

二、常用车床传动系统简介

现以 CA6140 型车床为例,介绍车床传动系统。

为了完成车削工作,车床必须有主运动和进给运动的相互配合,如图 1-2 所示,主运动是电动机 1 输出的动力经驱动带 2 传递给主轴箱 4,通过变速机构 5 变速,使主轴得到不同的转速,再经卡盘 6 带动工件旋转。

而进给运动则是由主轴箱把旋转运动输出到交换齿轮箱,再通过走刀箱变速后由丝杠 11 或光杠 12 驱动溜板箱 9、床鞍 10、滑板 8、刀架 7,从而控制车刀的运动轨迹完成车削各种表面的工作。

1. 车床

金属切削机床就是用刀具对金属工件进行切削加工的机器,是制造机器的机器,所以称为工作母机。在机械制造厂中,车床是各种工作母机中应用最广泛的一种,可以用于加工外圆、内孔、台阶、端面、内外沟槽、圆锥、螺纹和特形面,也可用于钻孔、镗孔、铰孔、切断、滚压和绕弹簧等工作。

2. 机床型号

机床的型号是机床产品的代号,用以表明机床的类型、通用和结构特性、主要技术参数等。GB/T 15375—2008《金属切削机床 型号编制方法》规定,我国的机床型号由汉语拼音字母和阿拉伯数字按一定规律组合而成,通用机床型号由基本部分和辅助部分组成,中间用"/"隔开,读"之"。前者需统一管制,后者纳入型号与否由企业自定。机床通用型号如图 1-3 所示。

3. 机床类别和特性代号

机床的分类和代号如表 1-1 所示,机床的通用特性代号如表 1-2 所示。

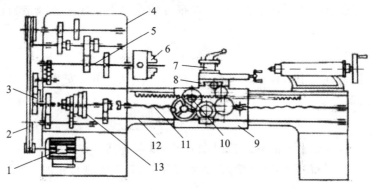

(a) 示意图

1—电动机;2—驱动带;3—交换齿轮箱;4—主轴箱;5—变速机构;6—卡盘;7—刀架;
8—滑板;9—溜板箱;10—床鞍;11—丝杠;12—光杠;13—走刀箱

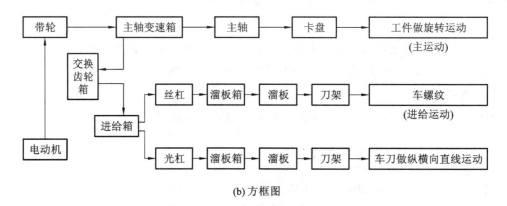

(b) 方框图

图 1-2 CA6140 型车床的传动系统

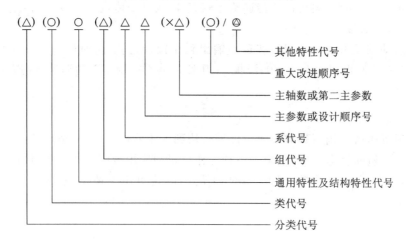

图 1-3 机床通用型号

注 1:有"( )"的代号或数字,当无内容时,则不表示;当有内容时,则不带括号。
注 2:有"○"符号的,为大写的汉语拼音字母。
注 3:有"△"符号的,为阿拉伯数字。
注 4:有"◎"符号的,为大写的汉语拼音字母,或阿拉伯数字,或两者兼有之。

表 1-1　机床的分类和代号

类别	车床	钻床	镗床	磨床			齿轮加工机床	螺纹加工机床	铣床	刨插床	拉床	锯床	其他机床
代号	C	Z	T	M	2M	3M	Y	S	X	B	L	G	Q
读音	车	钻	镗	磨	二磨	三磨	牙	丝	铣	刨	拉	割	其

表 1-2　机床的通用特性代号

通用特性	高精度	精密	自动	半自动	数控	加工中心（自动换刀）	仿形	轻型	加重型	柔性加工单元	数显	高速
代号	G	M	Z	B	K	H	F	Q	C	R	X	S
读音	高	密	自	半	控	换	仿	轻	重	柔	显	速

三、车床附件简介

常用的车床附件有三爪自定心卡盘、四爪单动卡盘、花盘、角铁、中心架和跟刀架等。这里首先介绍三爪自定心卡盘。其他附件以后将结合加工过程陆续介绍。

1. 三爪自定心卡盘的结构

三爪自定心卡盘是车床上应用最为广泛的一种通用夹具,结构如图 1-4 所示,主要由外壳体、三个卡爪、三个小锥齿轮、一个大锥齿轮零件组成。当卡盘扳手插入小锥齿轮 2 的方孔中转动时,小锥齿轮就带动大锥齿轮 3 转动。大锥齿轮的背面是平面螺纹 4,卡爪 5 背面的螺纹与平面螺纹啮合从而驱动三个卡爪同时做径向运动以夹紧或松开工件。常用的三爪自定心卡盘规格有 150 mm、200 mm 和 250 mm。

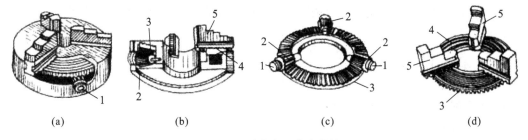

(a)　　　　　　　(b)　　　　　　　(c)　　　　　　　(d)

图 1-4　三爪自定心卡盘结构
1—方孔;2—小锥齿轮;3—大锥齿轮;4—平面螺纹;5—卡爪

2. 三爪自定心卡盘的用途

三爪自定心卡盘用以装夹工件,并带动工件随主轴一起旋转,实现主运动。三爪自定心卡盘能自动定心,安装工件快捷、方便,但夹紧力不如四爪单动卡盘大。一般用于精度要求不是很高、形状规则如圆柱形、正三边形、正六边形等中、小工件的安装。

3. 三爪自定心卡盘的安装

由于三爪自定心卡盘是通过连接盘与车床主轴连为一体的,所以连接盘与车床主轴、三爪自定心卡盘之间的同轴度要求很高。

连接盘与主轴及卡盘间的连接方式如图 1-5 所示。

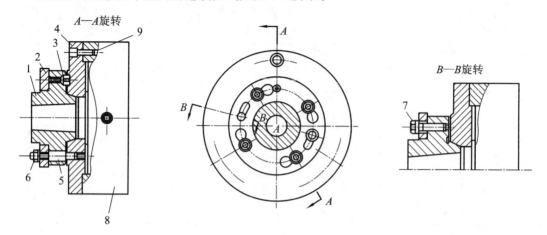

图 1-5　连接盘与主轴、卡盘的连接

1—主轴；2—锁紧盘；3—端面键；4—连接盘；5—螺栓；6—螺母；7、9—螺钉；8—卡盘

CA6140 型车床主轴前端为短锥法兰盘型结构，用以安装连接盘。连接盘由主轴上的短圆锥定位。安装前，要根据主轴短圆锥面和卡盘后端的台阶孔径配制连接盘。安装时，让连接盘 4 的四个螺栓及其上的螺母从主轴轴肩和锁紧盘 2 上的孔内穿过，螺栓中部的圆柱面与主轴轴肩上的孔精密配合，然后将锁紧盘转过一个角度，使螺栓进入锁紧盘上宽度较窄的圆弧槽段，把螺母卡住，接着再拧紧螺母，于是连接盘便可靠地安装在主轴上。

连接盘前面的台阶面是安装卡盘 8 的定位基面，与卡盘的后端面和台阶孔（俗称止口）配合，以确定卡盘相对于连接盘的正确位置（实际上是相对主轴中心的正确位置）。通过三个螺钉将卡盘与连接盘连接在一起。这样主轴、连接盘、卡盘三者可靠地连为一体，并保证了主轴与卡盘同轴。

图 1-5 中端面键 3 可防止连接盘相对于主轴转动，是保险装置。螺钉 7 为拆卸连接盘时用的顶丝。

四、车床基本操作

1. 车床的启动操作训练

1）操作说明

在启动车床之前必须检查车床各变速手柄是否处于空挡位置，离合器是否处于正确位置，操纵杆是否处于停止状态等。在确定无误后，方可合上车床电源总开关开始操纵车床。

先按下床鞍上的绿色启动按钮使电动机启动。接着将溜板箱右侧操纵杆手柄向上提起，主轴便按顺时针方向旋转，即正转。操纵杆手柄有向上、中间、向下三个挡位，可分别实现主轴的正转、停止和反转。若需较长时间停止主轴转动，必须按下床鞍上的红色停止按钮使电动机停止转动。若下班，则需关闭车床电源总开关，并切断本车床电源闸刀开关。

2）操作训练内容

（1）掌握启动车床的先后步骤，做启动车床的操作训练。

（2）用操纵杆控制主轴正、反转和停车训练。

2. 主轴箱的变速操作训练

1）操作说明

不同型号、不同厂家生产的车床,其主轴变速操作不尽相同,可参考相关的车床说明书。下面介绍 CA6140 型车床的主轴变速操作方法。

CA6140 型车床主轴变速可通过改变主轴箱正面右侧两个叠套手柄的位置来控制。前面的手柄有六个挡位,每个挡位上有四级转速,若要选择其中某一转速可通过后面的手柄来控制。后面的手柄除有两个空挡外,尚有四个挡位,只要将手柄位置拨到其所显示的颜色与前面手柄所处挡位上的转速数字所标示的颜色相同的挡位即可。

主轴箱正面左侧的手柄是加大螺距及螺纹左、右旋向变换的操纵机构。它有四个挡位,左上挡位为车削右旋螺纹,右上挡位为车削左旋螺纹,左下挡位为车削右旋加大螺距螺纹,右下挡位为车削左旋加大螺距螺纹。

2）操作训练内容

（1）调整主轴转速至 16 r/min、450 r/min、1400 r/min。

（2）选择车削右旋螺纹和车削左旋加大螺距螺纹的手柄位置。

3. 进给箱操作训练

1）操作说明

CA6140 型车床进给箱正面左侧有一个手轮,右侧有前、后叠装的两个手柄,前面的手柄有 A、B、C、D 四个挡位,是丝杠、光杠变换手柄,后面的手柄有 Ⅰ、Ⅱ、Ⅲ、Ⅳ 四个挡位,与有八个挡位的手轮相配合,用以调整螺距及进给量。实际操作应根据加工要求,查找进给箱油池盖上的螺纹和进给量调配表来确定手轮和手柄的具体位置。当后手柄处于正上方时是第 Ⅴ 挡,此时齿轮箱的运动不经进给箱变速,而与丝杠直接相连。

2）操作训练内容

（1）确定车削螺距为 1 mm、1.5 mm、2.0 mm 的米制螺纹在进给箱上的手轮和手柄的位置,并调整之。

（2）确定选择纵向进给量为 0.46 mm、横向进给量为 0.20 mm 时手轮与手柄的位置,并调整之。

4. 溜板部分的操作训练

1）操作说明

（1）床鞍的纵向移动由溜板箱正面左侧的大手轮控制,当顺时针转动手轮时,床鞍向右运动;当逆时针转动手轮时,床鞍向左运动。

（2）中滑板手柄控制中滑板的横向移动和横向进刀量。当顺时针转动手柄时,中滑板向远离操作者的方向移动,即横向进刀;当逆时针转动手柄时,中滑板向靠近操作者的方向移动,即横向退刀。

（3）小滑板可做短距离的纵向移动。顺时针转动小滑板手柄时,小滑板向左移动;逆时针转动小滑板手柄时,小滑板向右移动。

2）操作训练内容

（1）熟练操作使床鞍左、右纵向移动。

（2）熟练操作使中滑板沿横向进、退刀。

（3）熟练操作控制小滑板沿纵向做短距离左、右移动。

5. 刻度盘及分度盘的操作训练

1）操作说明

（1）溜板箱正面的大手轮轴上的刻度盘分为 300 格，每转过 1 格，表示床鞍纵向移动 1 mm。

（2）中滑板丝杠上的刻度盘分为 100 格，每转过 1 格，表示刀架横向移动 0.05 mm。

（3）小滑板丝杠上的刻度盘分为 100 格，每转过 1 格，表示刀架纵向移动 0.05 mm。

（4）小滑板上的分度盘在刀架需斜向进刀加工短锥体时，可顺时针或逆时针在 90° 范围内转过某一角度。使用时，先松开锁紧螺母，转动小滑板至所需要的角度后，再锁紧螺母以固定小滑板。

2）操作训练内容

（1）若刀架需向左纵向进刀 250 mm，应该操纵哪个手柄（或手轮）？其刻度盘转过的格数为多少？并实施操作。

（2）若刀架需横向进刀 0.5 mm，中滑板手柄刻度盘应朝什么方向转动？转过多少格？并实施操作。

（3）若需车制圆锥角为 30° 的正锥体（小头在右），小滑板分度盘应如何转动？并实施操作。

◀ 项目2　车床的润滑和维护保养 ▶

一、车床润滑的作用

为了保证车床的正常运转，减少磨损，延长使用寿命，应对车床的所有摩擦部位进行润滑并注意日常的维护保养。

二、常用车床的润滑方式

车床的润滑采取了多种形式。常用的有以下几种。

1. 浇油润滑

浇油润滑常用于外露的滑动表面，如床身导轨面和滑板导轨面等。

2. 溅油润滑

溅油润滑常用于密闭的箱体中，如车床主轴箱中的转动齿轮将箱底的润滑油溅射到箱体上部的油槽中，然后经槽内油孔流到各润滑点进行润滑。

3. 油绳导油润滑

油绳导油润滑常用于进给箱和溜板箱的油池中。利用毛线既易吸油又易渗油的特性，通过毛线把油引入润滑点，间断地滴油润滑。

4. 弹子油杯注油润滑

弹子油杯注油润滑常用于尾座、中滑板摇手柄及三杠（丝杠、光杠、开关杠）支架的轴承处。定期用油枪端头油嘴压下油杯上的弹子，将油注入。油嘴撤去，弹子又回复原位，封住注油口,以防尘屑入内。

5. 黄油杯润滑

黄油杯润滑常用于交换齿轮箱挂轮架的中间轴或不便经常润滑处。事先在黄油杯中加满钙基润滑脂,需要润滑时,拧进油杯盖,则杯中的油脂就被挤压到润滑点中去。

6. 油泵输油润滑

油泵输油润滑常用于转速高、需要大量润滑油连续强制润滑的场合。如主轴箱内许多润滑点就是采用这种方式进行润滑的。

三、常用车床的润滑要求

如图 1-6 所示为 CA6140 型车床润滑系统润滑点的位置示意图。润滑部位用数字标出。图中除所注②处的润滑部位是用 2 号钙基润滑脂进行润滑外,其余各部位都用 30 号机油润滑。换油时,应先将废油放尽,然后用煤油把箱体内冲洗干净后,再注入新机油,注油时应用网过滤,且油面不得低于油标中心线。

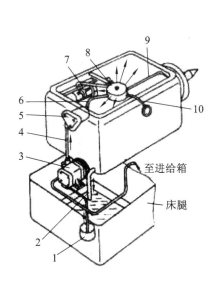
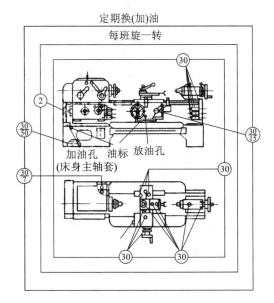

图 1-6 CA6140 型车床润滑系统润滑点的位置示意图
1—网式滤油器;2—同油管;3—油泵;4,6,7,8,9,10—油管;5—过滤器

图 1-6 中 30 表示 30 号机油。分式中的分子数字表示润滑油类别,分母数字表示两班制工作时换添油间隔的天数。如 $\frac{30}{7}$ 表示油类号为 30 号机油两班制换添油间隔天数为 7 天。

主轴箱内的零件用油泵循环润滑或飞溅润滑。箱内润滑油一般三个月更换一次。主轴箱体上有一个油标,若发现油标内无油输出,说明油泵输油系统有故障,应立即停车检查断油的原因,待修复后才能开动车床。

进给箱内的齿轮和轴承除了用齿轮溅油润滑外,在进给箱上部还有用于油绳导油润滑的储油槽,每班应给该储油槽加一次油。

交换齿轮箱中间齿轮轴轴承是黄油杯润滑,每班一次,7 天加一次钙基润滑脂。

尾座和中、小滑板手柄及光杠、丝杠、刀架转动部位靠弹子油杯注油润滑,每班润滑一次。

此外床身导轨、滑板导轨在工作前后都要擦净并用油枪加油。

四、车床日常保养的要求

为了保证车床的加工精度,延长其使用寿命,保证加工质量,提高生产效率,车工除了能熟练地操作车床外,还必须学会对车床进行合理的维护保养。

车床的日常维护保养要求如下。

(1)每天工作后切断电源,对车床各表面、各罩壳、导轨面、丝杠、光杠、各操纵手柄和操纵杆进行擦拭,做到无油污、无铁屑,车床外表清洁。

(2)每周要求保持床身导轨面和中、小滑板导轨面及转动部位的清洁、润滑,要求油眼畅通、油标清晰,清洗油绳和护床油毛毡,保持车床外表清洁和工作场地整洁。

五、车床一级保养的要求

通常当车床运行500 h后需进行一级保养。其保养工作以操作工人为主,在维修工人的配合下进行。保养时必须先切断电源,然后按下述顺序和要求进行。

1. 主轴箱的保养

(1)清洗滤油器,使其无杂物。

(2)检查主轴锁紧螺母有无松动,紧定螺钉是否拧紧。

(3)调整制动器及离合器摩擦片间隙。

2. 交换齿轮箱的保养

(1)清洗齿轮、轴套,并在油杯中注入新油脂。

(2)调整齿轮啮合间隙。

(3)检查轴套有无晃动现象。

3. 滑板和刀架的保养

拆洗刀架和中、小滑板,洗净擦干后重新组装并调整中、小滑板与镶条的间隙。

4. 尾座的保养

摇出尾座套筒并擦净涂油,以保持内外清洁。

5. 润滑系统的保养

(1)清洗冷却泵、滤油器和盛液盘。

(2)保证油路畅通,油孔、油绳、油毡清洁无铁屑。

(3)检查以保持油质良好、油杯齐全、油标清晰。

6. 电器的保养

(1)清扫电动机、电气箱上的尘屑。

(2)电气装置固定整齐。

7. 外表的保养

(1)清洗车床外表面及各罩盖,保持其内外清洁,无锈蚀、无油污。

(2)清洗三杠。

(3)检查并补齐各螺钉、手柄球、手柄。

清洗擦净各部件后,进行必要的润滑。

◀ 项目 3　安全文明操作 ▶

一、安全文明生产的重要性

坚持安全文明生产是保障生产工人和设备的安全、防止工伤和设备事故的根本保证,也是工厂科学管理的一项十分重要的手段。它直接影响到人身安全、产品质量和生产效率,影响设备和工、夹、量具的使用寿命和操作工人技术水平的发挥。安全文明生产的一些具体要求是在长期生产活动中的实践经验和血的教训的总结,要求操作者必须严格执行。

二、安全操作规程注意事项

(1) 工作时应穿工作服、戴袖套。女同志应戴工作帽,将长发塞入帽子里。夏季操作者禁止穿裙子、短裤和凉鞋上机操作。

(2) 工作时不能离工件太近,以防切屑飞入眼中。为了防止崩碎飞散的切屑伤人,必须戴防护眼镜。

(3) 工作时必须集中精力,注意手、身体和衣服不能靠近正在旋转的机件,如工件、带轮、皮带和齿轮等。

(4) 工件和车刀必须装夹牢固,否则会飞出伤人。卡盘必须装有保险装置,装夹好工件后,卡盘扳手必须随即从卡盘上取下。

(5) 凡装卸工件、更换刀具、测量加工表面及变换速度时,必须先停车。

(6) 车床运转时,不得用手去摸工件表面,尤其是加工螺纹时,严禁用手抚摸螺纹面,以免伤手,严禁用棉纱擦抹转动的工件。

(7) 应用专用铁钩清除铁屑,绝不允许用手直接清除。

(8) 在操作车床时,不准戴手套。

(9) 毛坯棒料从主轴孔尾端伸出不能太长,并应使用料架或挡板,防止毛坯棒料甩出后伤人。

(10) 不准用手去刹住转动着的卡盘。

(11) 不要随意拆装电气设备,以免发生触电事故。

(12) 工作中若发现机床、电气设备有故障,应及时申报,由专业人员检修,未修复不得使用。

三、安全文明生产的要求

(1) 开车前,检查车床各部分机构及防护设施是否完好有效;检查各手柄是否灵活,位置是否正确;检查各注油孔,并进行加油润滑,然后使主轴空运转 1～2 min,待车床运转正常后才能工作。若发现车床有问题,应立即停车进行检修。

(2) 主轴变速必须先停车,变换进给箱手柄位置要在低速时进行;为保持丝杠的精度,除车削螺纹外,不得使用丝杠进行机动进给。

（3）刀具、量具及工具等的放置要稳妥、整齐、合理，且有固定位置，便于操作时取用，用后应放回原处，主轴箱盖上不应放置任何物品。

（4）工具箱内应分类摆放物件。精度高的应放置稳妥，重物放下层、轻物放上层，不可随意乱放，以免造成损坏和丢失。

（5）正确使用和爱护量具。经常保持清洁，用后擦净、涂油，放入盒内，不用时及时归还工具室。所使用的量具必须定期校检，以保证其精度准确。

（6）不允许在卡盘及床身导轨上敲击和校直工件，床面上不准放置工具或工件；装夹、找正较重的工件时，应用木板保护床面；下班时若工件不卸下，应用千斤顶或木块支撑。

（7）车刀磨损后，应及时刃磨，不允许用钝刃车刀继续车削，以免增加车床负荷、损坏车床，影响工件表面的加工质量和生产效率。

（8）批量生产的零部件，首件应送检；精车工件要注意防锈处理。

（9）毛坯、半成品和成品应分开放置；半成品和成品应堆放整齐、轻拿轻放，严禁碰伤已加工表面。

（10）图纸、工艺卡片应放置在便于阅读的位置，并注意保持其清洁和完整。

（11）使用切削液前，应在床身导轨上涂润滑油，若车削铸铁或气割下料的工件应擦去导轨上的润滑油。铸件上的型砂、杂质应尽量去除干净，以免损坏床身导轨面。切削液应定期更换。

（12）工作场地周围应保持清洁整齐，避免堆放杂物，防止绊倒。

（13）工作完毕后，将所用过的物件揩净归位，清理机床，刷去切屑，擦净机床各部位的油污；按规定加注润滑油，然后把机床周围打扫干净，将床鞍摇至床尾一端，各转动手柄放到空挡位置，最后关闭电源。

◄ 项目4 车刀简介 ►

生产实践证明，合理地选用和正确地刃磨车刀，对保证加工质量、提高生产效率有极大的作用。因此，选择合理的车刀角度，正确地刃磨车刀、合理地选择和使用车刀是车工必须掌握的关键技术之一，在此先做初步介绍。

一、常用车刀的种类和用途

1. 车刀种类

按不同的用途可将车刀分为外圆车刀、端面车刀、切断刀、内孔车刀、成形车刀和螺纹车刀等。常用车刀如图1-7所示。

图1-7 常用车刀

2. 车刀的用途

常用车刀的基本用途如图 1-8 所示。

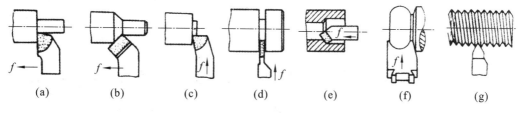

图 1-8 车刀的用途

（1）90°车刀　外圆车刀，又叫偏刀。主要用于车削外圆、台阶和端面（见图 1-8(a)、(c)）。

（2）45°车刀　弯头车刀。主要用来车削外圆、端面和倒角（见图 1-8(b)）。

（3）切断刀　用于切断或车槽（见图 1-8(d)）。

（4）内孔车刀　用于车削内孔（见图 1-8(e)）。

（5）成形车刀　用于车削成形面（见图 1-8(f)）。

（6）螺纹车刀　用于车削螺纹（见图 1-8(g)）。

3. 硬质合金可转位车刀

用机械夹紧的方式将用硬质合金制成的各种形状的刀片固定在相应标准的刀杆上，组合成加工各种表面的车刀，即为硬质合金可转位车刀（见图 1-9）。当刀片上的一个切削刃磨钝后，只需将刀片转过适当角度，不需刃磨即可用新的切削刃继续切削。其刀片的装拆和转位方便、快捷，从而大大地节省了换刀和磨刀时间，并提高了刀杆的利用率。

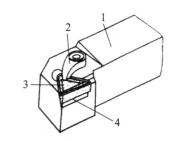

图 1-9　硬质合金可转位车刀
1—刀杆；2—夹紧装置；3—刀片；4—刀垫

二、车刀切削部分的材料

1. 车刀材料

1）车刀切削部分应具备的基本性能

车刀切削部分在很高的切削温度下工作，经受强烈的摩擦，并承受很大的切削力和冲击力，所以车刀切削部分的材料必须具备较高的硬度、较高的耐磨性、足够的强度和韧性、较高的耐热性、较好的导热性，以及良好的工艺性和经济性。

2）车刀切削部分常用的材料

目前，车刀切削部分常用的材料有高速钢和硬质合金两大类。

（1）高速钢。

高速钢是含钨（W）、钼（Mo）、铬（Cr）、钒（V）等金属元素较多的工具钢。高速钢刀具制造简单，刃磨方便，容易通过刃磨得到锋利的刃口；而且韧性较好，常用于需承受较大冲击力的场合。特别适用于制造各种结构复杂的成形刀具和孔加工刀具，如成形车刀、螺纹刀具、钻头和铰刀等。

高速钢的类别、常用牌号、性质及应用如表 1-3 所示。

表 1-3　高速钢的类别、常用牌号、性质及应用

类　别	常用牌号	性　质	应　用
钨系	W18Cr4V (18-4-1)	性能稳定,刃磨及热处理工艺控制较方便	金属钨的价格较高,以后使用将逐渐减少
钨钼系	W6Mo5Cr4V2 (6-5-4-2)	最初是国外为解决缺钨而研制出以取代W18Cr4V的高速钢(以质量分数为1%的钼取代质量分数为2%的钨)。其高温塑性与冲击韧度都超过W18Cr4V,而两者的切削性能却大致相同	主要用于制造热轧工具,如麻花钻等
	W9Mo3Cr4V (9-3-4-1)	根据我国资源的实际情况而研制的刀具材料,其强度和韧性均比W6Mo5Cr4V2好,高温塑性和切削性能良好	使用将逐渐增多

（2）硬质合金。

硬质合金是目前应用最广泛的一种车刀材料。硬度、耐磨性和耐热性均高于高速钢。切削钢时,切削速度可达约 220 m/min,其缺点是韧性较差,承受不了大的冲击力。

硬质合金的分类、用途、性能、代号以及与旧牌号的对照如表 1-4 所示。

表 1-4　硬质合金的分类、用途、性能、代号以及与旧牌号的对照

类　别	用　途	被加工材料	常用代号	性能		适用的加工阶段	相当于旧牌号
				耐磨性	韧性		
K 类 (钨钴类)	适用于加工铸铁有色金属等脆性材料或冲击性较大的场合,但在切削难加工材料或震动较大(如断性切削塑性金属)的特殊情况时也较适合	适用于加工短切屑的黑色金属、有色金属及非金属材料	K01	↑	↓	精加工	YG3
			K10			半精加工	YG6
			K20			粗加工	YG8
P 类 (钨钛钴类)	适用于加工钢或其他韧性较大的塑性金属,不宜用于加工脆性金属	适用于加工长切屑的黑色金属	P01	↑	↓	精加工	YT30
			P10			半精加工	YT15
			P30			粗加工	YT5
M 类 ［钨钛钽(铌)钴类］	既可加工铸铁、有色金属,又可加工碳素钢、合金钢,故也称通用合金。主要用于加工高温合金、高锰钢、不锈钢以及可锻铸铁、球墨铸铁、合金铸铁等材料	适用于加工长切屑或短切屑的黑色金属和有色金属	M10	↑	↓	精加工、半精加工	YW1
			M20			半精加工	YW2

2. 车刀的材料要求

在车削过程中,车刀的切削部分是在较大的切削抗力、较高的切削温度和剧烈的摩擦条件下进行工作的。车刀寿命的长短和切削效率的高低,首先取决于车刀切削部分的材料是

否具备优良的切削性能。车刀的材料具体应满足如下要求：

(1) 具有高硬度，其硬度要高于工件材料 1.3～1.5 倍；

(2) 具有较高的耐磨性；

(3) 具有较高的耐热性，即在高温下能保持高硬度的性能；

(4) 具有足够的抗弯强度和冲击韧性，防止车刀脆性断裂或崩刃；

(5) 具有良好的工艺性，即较好的可磨加工性、较好的热处理工艺性、较好的焊接工艺性。

3. 车刀切削部分的常用材料

1) 高速钢（又称锋钢、白钢）

高速钢是一种含钨、铬、钒、钼等元素较多的高合金工具。常用的牌号有 $W_{18}Cr_4V$、$W_9Cr_4V_2$ 等。这种材料强度高、韧性好，能承受较大的冲击力，工艺性好，易磨削成形，刃口锋利，常用于一般切削速度下的精车。但因其耐热性较差，故不适于高速切削。

目前，还有一类通过改变高速钢的化学成分而发展起来的高性能高速钢。如 $95W_{18}Cr_4V$、$W_{12}Cr_4V_4Mo$、$W_6Mo_5Cr_4V_2Al$ 等。这类高速钢的硬度、耐磨性和耐热性等主要切削性能都优于普通高速钢。

2) 硬质合金

硬质合金由硬度和熔点均很高的碳化钨、碳化钛和胶结金属钴（Co）用粉末冶金方法制成，其硬度、耐磨性均很好，红硬性也很高，故其切削速度比高速钢高出几倍甚至十几倍，能加工高速钢无法加工的难切削材料。但其抗弯强度和抗冲击韧性比高速钢差，制造形状复杂刀具时，工艺上要比高速钢困难。

3) 陶瓷

用氧化铝（Al_2O_3）微粉在高温下烧结而成的陶瓷材料刀片，其硬度、耐磨性和耐热性均比硬质合金高。因此可采用比硬质合金高几倍的切削速度，并能使工件获得较高的表面粗糙度和较好的尺寸稳定性。但陶瓷材料刀片最大的缺点是性脆，抗弯强度低，易崩刃。陶瓷材料刀片主要用于连续表面的车削场合。

此外，还有一些高性能的刀具材料得到应用，如聚晶人造金刚石、立方碳化硼和热压氧化硅陶瓷等。

三、车削运动和切削用量的基本概念

1. 车削运动

车削工件时，必须使工件和刀具做相对运动。根据运动的性质和作用，车削运动主要分为工件的旋转运动（主运动）和车刀的直线或曲线运动（进给运动）。

(1) 主运动直接切除工件上的切削层，并使之转变成切屑，以形成工件新表面的运动称为主运动。车削时，工件的旋转运动就是主运动，如图 1-10 所示。

(2) 进给运动使工件上多余材料不断地被切除的运动叫进给运动。依车刀切除金属层时移动的方向不同，进给运动又可分为纵向进给运动和横向进给运动。如车外圆时车刀的运动是纵向进给运动，车端面、切断、车槽时，车刀的运动是横向进给运动，如图 1-11 所示。

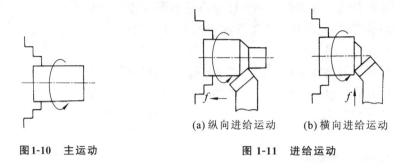

图1-10　主运动　　　　　　图1-11　进给运动

　　　　　　　　　　　　　　　　　　　(a) 纵向进给运动　　(b) 横向进给运动

2. 车削时工件上形成的表面

车削时,工件上有三个不断变化的表面,如图1-12所示。

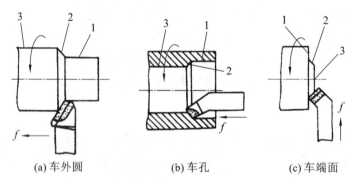

(a) 车外圆　　　　　　(b) 车孔　　　　　　(c) 车端面

图1-12　工件上的三个表面

1—已加工表面;2—过渡表面;3—待加工表面

（1）已加工表面　　已切除多余金属层而形成的新表面。

（2）过渡表面　　车刀切削刃在工件上形成的表面。它将在工件的下一转里被切除。

（3）待加工表面　　工件上有待切除多余金属层的表面。它可能是毛坯表面或加工过的表面。

3. 切削用量的基本概念

切削用量是度量主运动和进给运动大小的参数。它包括切削深度、进给量和切削速度。

1）切削深度 a_p

车削工件上已加工表面与待加工表面之间的垂直距离叫切削深度（见图1-13）。切断、车槽时的切削深度等于车刀主切削刃的宽度（见图1-13(c)）。

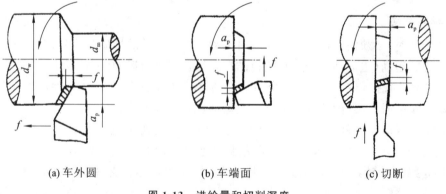

(a) 车外圆　　　　　　(b) 车端面　　　　　　(c) 切断

图1-13　进给量和切削深度

车外圆时(见图 1-13(a))的切削深度的计算公式为:

$$a_p = \frac{d_w - d_m}{2} \tag{1-1}$$

式中:a_p——切削深度,mm;

d_w——待加工表面直径,mm;

d_m——已加工表面直径,mm。

2) 进给量 f

工件每转一圈,车刀沿进给方向移动的距离叫进给量,它是衡量进给运动大小的参数。其单位为 mm/r。

进给量又分纵向进给量和横向进给量。沿床身导轨方向的进给量是纵向进给量,沿垂直于床身导轨方向的进给量是横向进给量。

3) 切削速度 v_c

切削速度 v_c 是切削刃选定点相对于工件的主运动的瞬时速度,它是衡量主运动大小的参数,其单位为 m/min(国际单位是 m/s)。切削速度还可理解为车刀在 1 min 内车削工件表面的理论展开直线长度(假定切屑没有变形或收缩)。

切削速度的计算公式为:

$$v_c = \frac{n\pi d}{1000} \tag{1-2}$$

式中:v_c——切削速度,m/min;

n——车床主轴转速,r/min;

d——工件待加工表面直径,mm。

车削时,当转速 n 值一定,工件上不同直径处的切削速度不相同,在计算时应取最大的切削速度。为此,在车外圆时应以工件待加工表面直径计算,在车内孔时则应以工件已加工表面直径计算。

车端面或切断、切槽时切削速度是变化的,切削速度随切削直径的变化而变化。

在实际生产中,往往是已知工件的直径,并根据工件材料、刀具材料和加工性质等因素来选择切削速度,再依切削速度求出主轴转速 n,以便调整机床主轴转速。此时公式 1-2 可改写成:

$$n = \frac{1000v_c}{\pi d} \tag{1-3}$$

【例 1-1】 车削直径为 400 mm 的工件外圆,选定切削速度为 80 m/min,试确定车床主轴的转速 n。

解:根据如下公式

$$n = \frac{1000v_c}{\pi d} = 64 \text{ r/min} \tag{1-4}$$

计算出的主轴转速若与车床主轴箱上的铭牌所列转速有出入时,则应选取铭牌上与计算值相近的转速。

4) 切削用量的初步选择

切削用量的选择关系到能否合理使用刀具与机床,对保证加工质量、提高生产效率和经济效益,都具有很重要的意义。

合理地选择切削用量是指在工件材料、刀具材料和几何角度及其他切削条件已经确定的情况下,选择切削用量三要素的最优化组合来进行切削加工。

(1)粗车时切削用量的选择。

粗车时,加工余量大,主要考虑尽可能提高生产效率和保证必要刀具的寿命。原则上应选较大的切削用量,但又不能同时将切削用量三要素都增大,合理的选择如下。首先选用较大的切削深度,以减少走刀次数。若有可能,最好一次将粗车余量切除。若余量太大一次无法切除时,可分为二次或三次,但第一次的切削深度要尽可能大些。对于切削表层有硬皮的锻、铸件毛坯尤其要这样,以防止刀尖过早磨损。其次,为缩短进给时间而选择较大的进给量。当切削深度和进给量确定之后,在保证车刀寿命的前提下,再选择一个相对大而且合理的切削速度。

(2)半精车、精车时切削用量的选择。

半精车、精车阶段,加工余量较小,主要是考虑保证加工精度和表面质量。当然也要注意提高生产效率及保证刀具寿命。根据工艺要求留给半精车、精车的加工余量,原则上是在一次进给过程中切除。若工件的表面粗糙度要求高,一次进给无法达到表面粗糙度要求时,应分两次进给,但最后一次进给的切削深度不得小于 0.1 mm。

半精车、精车时进给量应选得小一些,切削速度则应根据刀具材料选择。高速钢车刀应选较低切削速度($v_c < 5$ m/min),以降低切削温度,保持刃口锐利。硬质合金车刀应选择较高切削速度($v_c > 80$ m/min),这样既可提高工件表面质量,又可以提高生产效率。

四、车刀的几何形状

1. 车刀的组成

车刀由刀柄和刀体组成。

刀柄是刀具的夹持部分,刀体是刀具上夹持或焊接刀片的部分或由它形成切削刃的部分(见图 1-14)。

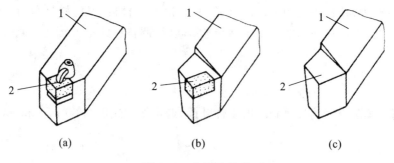

(a)　　　　　　　(b)　　　　　　　(c)

图 1-14　车刀的组成

1—刀柄;2—刀体

刀头是车刀的切削部分,它又由"三面两刃一尖"(即前刀面、主后刀面、副后刀面、主切削刃、副切削刃、刀尖)组成,如图 1-15 所示。

(1)前刀面　车刀上切屑流过的表面。

(2)主后刀面　车刀上与工件过渡表面相对的表面。

(3)副后刀面　车刀上与工件已加工表面相对的表面。

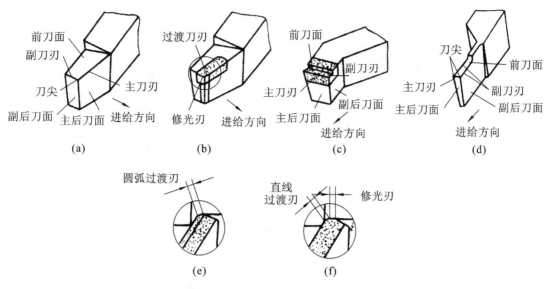

图 1-15 车刀的组成部分

（4）主切削刃 前刀面与主后刀面相交的部位,它担负着主要的切削任务,也称主刀刃。

（5）副切削刃 前刀面与副后刀面相交的部位,靠近刀尖部分参加少量的切削工作。

（6）刀尖 刀尖是主切削刃与副切削刃连接处的那一小部分切削刃。为了增加刀尖处的强度,改善散热条件,在刀尖处磨有圆弧过渡刃。

圆弧过渡刃又称刀尖圆弧。一般硬质合金车刀的刀尖圆弧半径为 0.5～1 mm。

通常我们称副切削刃前段接近刀尖处的一段平直刀刃叫修光刃。装刀时必须使修光刃与进给方向平行,且修光刃长度要大于进给量,才能起到修光的作用,如图 1-16 所示。

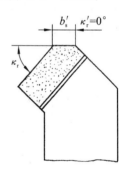

任何车刀都有上述几个组成部分,但数量不完全一样。如图 1-15（a）、（b）所示的外圆车刀是由三个刀面、两条刀刃和一个刀尖组成的;而 45°偏刀和切断刀（见图 1-15（c）、（d））则由四个刀面（含两个副后刀面）、三条刀刃和两个刀尖组成。此外,有的刀刃是直线,有的刀刃则为曲线,如圆头成形刀的刀刃就为曲线,其后刀面为曲面。

图 1-16 车刀的修光刃

2. 确定车刀角度的辅助平面

为了确定和测量车刀的几何角度,通常假设三个辅助平面作为基准,即切削平面、基面和截面,如图 1-17 所示。

（1）切削平面 切削平面是过车刀主切削刃上的某一选定点,并与工件的过渡表面相切的平面（见图 1-17（a））。

（2）基面 基面是过车刀主切削刃上某一选定点,并与该点切削速度方向垂直的平面（见图 1-17（a））。

由于过主切削刃上某一选定点的切削速度方向和过该点并与工件上的过渡表面相切的平面的方向是一致的,所以基面与切削平面相互垂直。

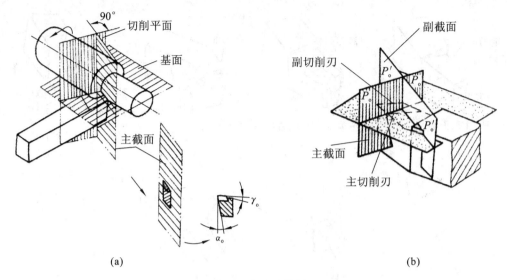

(a)   (b)

图 1-17   车刀几何角度的辅助平面

（3）截面   截面有主截面和副截面之分。

过车刀主切削刃上某一选定点,同时垂直于该点的切削平面和基面的平面叫主截面(见图 1-17(a))。

过车刀副切削刃上某一选定点,同时垂直于该点的切削平面和基面的平面叫副截面(见图 1-17(b))。

需指出的是:上述定义是假设切削时只有主运动,不考虑进给运动,刀柄的中心线垂直于进给方向,且规定刀尖对准工件中心,此时基面与刀柄底平面平行,切削平面与刀柄底平面垂直。这种假设状态称为刀具的"静止状态"。静止状态的辅助平面是车刀刃磨、测量和标注角度的基准。

3. 车刀几何角度的标注

车刀几何角度的标注如图 1-18 所示。

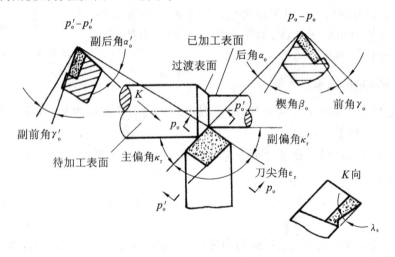

图 1-18   车刀的几何角度

在主截面内测量的角度有以下几种。

（1）前角（γ_o） 前角是前刀面与基面之间的夹角。

（2）后角（α_o） 后角是后刀面与切削平面之间的夹角。在主截面内（见图 1-18 中的 p_o-p_o 平面）测量的是主后角（α_o'），在副截面内（见图 1-18 中的 p_o'-p_o' 平面）测量的是副后角。

（3）楔角（β_o） 楔角是在主截面内前刀面与后刀面之间的夹角，它的大小与前角和后角的大小有关，通常可由下式来计算：

$$\beta_o = 90° - (\gamma_o + \alpha_o) \tag{1-5}$$

在基面内测量的角度有以下几种。

（4）主偏角（κ_r） 主偏角是主切削刃在基面上的投影与进给运动方向间的夹角。

（5）副偏角（κ_r'） 副偏角是副切削刃在基面上的投影与背离进给运动方向间的夹角。

（6）刀尖角（ε_r） 刀尖角是主切削刃和副切削刃在基面上的投影之间的夹角，它影响刀尖的强度和散热性能。其值按下式来计算：

$$\varepsilon_r = 180° - (\kappa_r + \kappa_r') \tag{1-6}$$

在切削平面内测量的角度有刃倾角。

（7）刃倾角（λ_s） 刃倾角是主切削刃与基面之间的夹角。

4. 车刀主要几何角度的初步选择。

1）前角的选择

（1）前角的作用。

① 前角的主要作用是影响切削刃口锋利程度、切削力的大小与切屑变形的大小。前角增大，可使切削刃口锋利、切削力减小，降低加工表面粗糙度值，同时还会使切屑变形小、排屑容易。

② 前角还会影响车刀强度、受力情况和散热条件。若增大前角，会使楔角减小，从而削弱了刀体强度。前角增大还会使散热体积缩小，而散热条件变差，会导致切削区域温度升高。

（2）前角正、负的确定。在主截面中，当前刀面与切削平面之间的夹角小于 90°时前角为正，大于 90°时前角为负，如图 1-19 所示。

（3）前角的初步选择只要刀体强度允许，尽量选较大的前角即可。具体选择时，尚须综合考虑工件材料、刀具材料、加工性质等因素。

① 车削塑性材料或硬度较低的材料，可选择较大的前角；车削脆性材料或硬度较高的材料，则应选择较小的前角。

② 粗加工时应选较小的前角，精加工时应选较大的前角。

③ 车刀材料的强度、韧性较差，前角应取小值；反之，前角应取大值。

2）后角的选择

（1）后角的作用。

① 后角的主要作用是减少后刀面与工件上过渡表面之间的摩擦，以提高工件的表面质量，延长刀具的使用寿命。

② 增大后角可使车刀刃口变锋利。但后角过大，又会使楔角减小，不仅会削弱车刀的强度，而且会使散热条件变差。

（2）后角正、负的确定。

当后刀面与基面的夹角小于90°时后角为正，大于90°时后角为负，如图1-19所示。

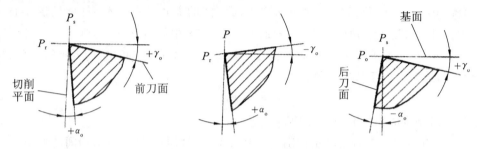

图1-19　前后角正、负的规定

（3）后角的初步选择。

① 粗车时，由于切削深度和走刀量选得均较大，所以要求车刀有足够的强度，故应选较小的后角。

② 精车时，为减小后刀面和工件过渡表面间摩擦，保持刃口锋利，应选择较大的后角。

③ 工件材料较硬，后角选小些；工件材料较软，则选较大后角。副后角一般磨成与主后角相等大小。但在切断等特殊情况下，为了保证车刀强度，副后角应选较小的数值。

3）主偏角与副偏角的选择

（1）主偏角的作用　主偏角主要影响车刀的散热条件、切削分力的大小和方向的变化及影响切屑厚薄的变化。

（2）主偏角的选择　选择主偏角时，应重点考虑工件的形状和刚性。工件刚性差（如车细长轴），为了减小径向分力，应选较大的主偏角，如图1-20所示。

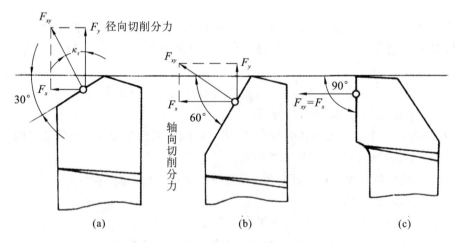

图1-20　主偏角对切削分力的影响

加工阶台轴类的工件，主偏角 $\kappa_r > 90°$。

车削硬度较高的工件，为增加刀具强度，应选较小的主偏角。

（3）副偏角的作用　副偏角主要减少副刀刃与工件已加工表面的摩擦，影响工件的表面加工质量及车刀的强度。

（4）副偏角的选择　粗车时副偏角应选稍大些的，精车时副偏角应选稍小些的。

4）刃倾角的选择

（1）刃倾角的作用　刃倾角的主要作用是控制排屑方向。当刃倾角为负值时，可增加刀头的强度，并在车刀受冲击时保护刀尖。刃倾角还会影响前角及刀刃的锋利程度。增大刃倾角能使切屑刃更锋利，并可切下很薄的金属层。

（2）刃倾角有正、负值和零度之分　当主切削刃和基面平行时，刃倾角为零度（$\lambda_s = 0°$），切削时，切屑基本上朝垂直于主切削刃方向排出（见图 1-21（a））。

当刀尖位于主切削刃最高点时，刃倾角为正值（$\lambda_s > 0°$）。切削时，切屑朝工件待加工面的方向排出（见图 1-21（b）），切屑不易擦伤已加工表面。工件表面粗糙度较高，但刀尖强度较差。尤其是车削不连续的工件表面时，由于冲击力较大，刀尖易损坏。

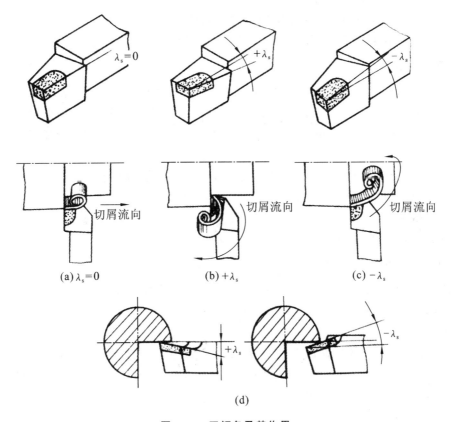

图 1-21　刃倾角及其作用
（a）、（b）、（c）—控制排屑方向；（d）—车刀受冲击时保护车刀

当刀尖位于主切削刃最低点时，刃倾角为负值（$\lambda_s < 0$）。切削时，切屑朝工件已加工面的方向排出，容易擦伤已加工表面，但刀尖强度好。在车削有较大冲击力的工件时，最先承受冲击的着力点，在远离刀尖的切削刃处，从而保护了刀尖（见图 1-21（d））。

（3）刃倾角的初步选择。

选择刃倾角时通常要考虑工件材料、刀具材料和加工性质。

粗加工和断续切削时，所受冲击力较大，为了提高刀尖强度，应选负值刃倾角；车削一般工件则取零度刃倾角；精车时，为了避免切屑将已加工表面拉毛，刃倾角应取正值。微量进给精车外圆或内孔时，可取较大刃倾角。

五、车刀的刃磨

在车床上,主要依靠工件的旋转主运动和刀具的进给运动来完成切削工作。因此车刀角度的选择是否合理,车刀刃磨的角度是否正确,都会直接影响工件的加工质量和切削效率。

在切削过程中,由于车刀的前刀面和后刀面处于剧烈的摩擦和切削热的作用之中,会使车刀切前刃口变钝而失去切削能力,只有通过刃磨才能恢复切削刃口的锋利并让人正确认识车刀运用的角度。因此,车工不仅要懂得切削原理和合理地选择车刀角度的有关知识,而且必须熟练地掌握车刀的刃磨技能。

车刀的刃磨分机械刃磨和手工刃磨两种。机械刃磨效率高、质量好,操作方便,但目前中小型工厂仍普遍采用手工刃磨。因此,车工必须掌握手工刃磨车刀的技术。

1. 砂轮的选用

目前常用的砂轮有氧化铝和碳化硅两类,刃磨时必须根据刀具材料来选定。

(1)氧化铝砂轮 氧化铝砂轮多呈白色,其砂粒韧性好,比较锋利,但硬度稍低(指磨粒容易从砂轮上脱落),适于刃磨高速钢车刀和硬质合金的刀柄部分。氧化铝砂轮也称刚玉砂轮。

(2)碳化硅砂轮 碳化硅砂轮多呈绿色,其砂粒硬度高,切削性能好,但较脆,适于刃磨硬质合金车刀。

砂轮的粗细以粒度表示。GB 2477—1983 新规定了 41 个粒度号,粗磨时用粗粒度(基本粒尺寸大),精磨时用细粒度(基本粒尺寸小)。

2. 车刀刃磨的方法和步骤

现以 90°硬质合金(YT15)外圆车刀为例,介绍手工刃磨车刀的方法。

(1)先磨去车刀前面、后面的焊渣,并将车刀底面磨平。可选用粒度号为 24♯～36♯ 的氧化铝砂轮。

(2)粗磨主后面和副后面的刀柄部分(以形成后隙角)。刃磨时,在略高于砂轮中心的水平位置处将车刀翘起一个比刀体上的后角大 2°～3°的角度,以便于再刃磨刀体上的主后角和副后角(见图 1-22)。可选粒度号为 24♯～36♯、硬度为中软(ZR_1、ZR_2)的氧化铝砂轮。

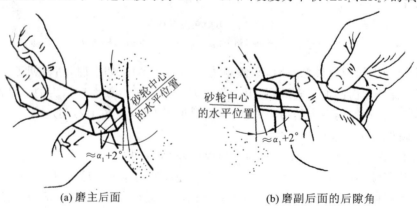

(a)磨主后面　　　　　　　　　　(b)磨副后面的后隙角

图 1-22　粗磨刀柄的主后面、副后面(磨后隙角)

（3）粗磨刀体上的主后面。

磨主后面时，刀柄应与砂轮轴线保持平行，同时刀后隙角体底平面向砂轮方向倾斜一个比主后角大2°的角度。刃磨时，先把车刀已磨好的后隙面靠在砂轮的外圆上，以接近砂轮中心的水平位置为刃磨的起始位置，然后使刃磨位置继续向砂轮靠近并做左右缓慢移动。当砂轮磨至刀刃处即可结束（见图1-23(a)）。这样可同时磨出 $\kappa_r = 90°$ 的主偏角和主后角。可选用粒度号 $36\# \sim 60\#$ 的碳化硅砂轮。

（4）粗磨刀体上的副后面时，刀柄尾部应向右转过一个副偏角 κ_r' 的角度，同时车刀底平面向砂轮方向倾斜一个比副后角大2°的角度（见图1-23(b)）。具体刃磨方法与粗磨刀体上主后面大体相同。不同的是粗磨副后面时砂轮应磨到刀尖处为止。如此，也可同时磨出副偏角 κ_r' 和副后角 α_o'。

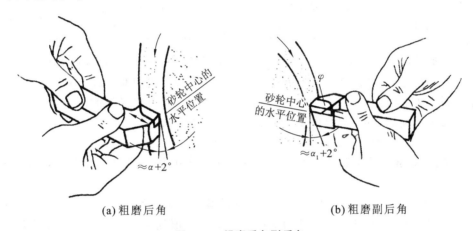

(a) 粗磨后角　　　　　　　　　　(b) 粗磨副后角

图 1-23　粗磨后角副后角

（5）粗磨前面以砂轮的端面粗磨出车刀的前面，并在磨前面的同时磨出前角 λ_o，如图1-24所示。

（6）磨断屑槽。

解决好断屑是车削塑性金属的一个突出问题。若切屑连绵不断、成带状缠绕在工件或车刀上，不仅会影响正常车削，而且会拉毛已加工表面，甚至会发生事故。在刀体上磨出断屑槽的目的就是当切屑经过断屑槽时使切屑产生内应力而强迫它变形而折断。

断屑槽常见的有圆弧形和直线形两种（见图1-25）。圆弧形断屑槽的前角一般较大，适于切削较软的材料；直线形断屑槽前角较小，适于切削较硬的材料。

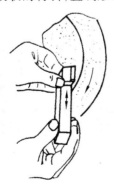

图 1-24　粗磨前面

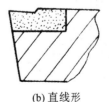

(a) 圆弧形　　　　　(b) 直线形

图 1-25　断屑槽的两种形式

断屑槽的宽窄应根据切削深度和进给量来确定,具体尺寸如表 1-5 所示。

表 1-5　硬质合金刀断屑槽参考尺寸

		进给量 f				
	切削深度 a_p	0.3	0.4	0.5~0.6	0.7~0.8	0.9~1.2
		r_{Bn}				
圆弧形 C_{Bn} 为 5~1.3 mm(由所取的前角值决定),r_{Bn} 在 L_{Bn} 的宽度和 C_{Bn} 的深度下成一自然圆弧	2~4	3	3	4	5	6
	5~7	4	5	6	8	9
	7~12	5	8	10	12	14

　　手工刃磨的断屑槽一般为圆弧形。刃磨时,须先将砂轮的外圆和端面的交角处用修砂轮的金刚石笔(或用硬砂条)修磨成相应的圆弧。若刃磨直线型断屑槽,则砂轮的交角须修磨得很尖锐。刃磨时刀尖可向下磨或向上磨(见图 1-26)。但选择刃磨断屑槽的部位时,应考虑留出刀头倒棱的宽度(即留出相当于走刀量大小的距离)。

　　刃磨断屑槽难度较大,须注意如下要点。

　　① 砂轮的交角处应经常保持尖锐或具有一定的圆弧状。当砂轮棱边磨损出较大圆角时应及时修整。

　　② 刃磨时的起点位置应该与刀尖、主切削刃离开一定距离,不能一开始就直接刃磨到主切削刃和刀尖上,而使主切削刃和刀尖磨损坍塌。一般起始位置与刀尖的距离等于断屑槽长度的 1/2 左右;与主切削刃的距离等于断屑槽宽度的 1/2 再加上倒棱的宽度。

　　③ 刃磨时,不能用力过大,车刀应沿刀柄方向做上下缓慢移动。要特别注意刀尖,切莫把断屑槽的前端口磨坍。

　　④ 刃磨过程中应反复检查断屑槽的形状、位置及前角的大小。对于尺寸较大的断屑槽可分粗磨和精磨两个阶段;尺寸较小的则可一次磨成形。

　　(7) 精磨主后面和副后面。

　　精磨前要修整好砂轮,保持砂轮平稳旋转,如图 1-27 所示。刃磨时将车刀底平面靠在调整好角度的托架上,并使切削刃轻轻地靠住砂轮的端面上并沿砂轮端面缓慢地左右移动,使砂轮磨损均匀、车刀刃口平直。

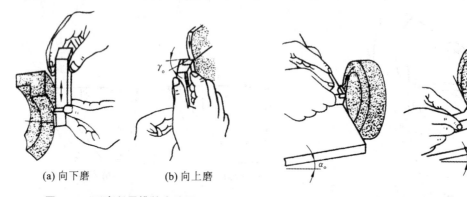

(a) 向下磨　　　(b) 向上磨

图 1-26　刃磨断屑槽的方法图　　　　图 1-27　精磨主后面和副后面

可选用杯形绿色碳化硅砂轮(其粒度号为 $180\sharp \sim 200\sharp$)或金刚石砂轮。

(8)磨负倒棱刀具。

主切削刃担负着绝大部分的切削工作。为了提高主切削刃的强度,改善其受力和散热条件,通常在车刀的主切削刃上磨出负倒棱(见图 1-28)。

负倒棱的倾斜角度 γ_f 一般为 $-5°\sim 10°$,其宽度 b 为走刀量的 $0.5\sim 0.8$,即 $b=(0.5\sim 0.8)f$。

对于采用较大前角的硬质合金车刀,及车削强度、硬度特别低的材料,则不宜采用负倒棱。

负倒棱刃磨方法如图 1-29 所示。刃磨时,用力要轻微,要使主切削刃的后端向刀尖方向摆动。刃磨时可采用直磨法和横磨法。为了保证切削刃的质量,最好采用直磨法。

所选用的砂轮与精磨主后刀面的砂轮相同。

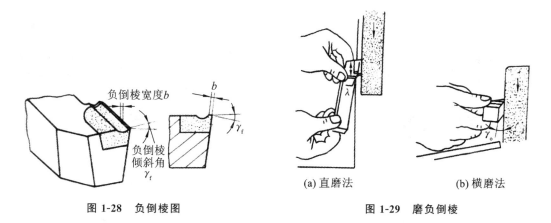

图 1-28　负倒棱图　　　　　　　图 1-29　磨负倒棱

(9)磨过渡刃。

过渡刃有直线形和圆弧形两种。其刃磨方法与精磨后刀面时基本相同。刃磨车削较硬材料车刀时,也可以在过渡刃上磨出负倒棱。

(10)车刀的手工研磨。

在砂轮上刃磨的车刀,其切削刃有时不够平滑光洁。若用放大镜观察,可以发现其刃口上呈凸凹不平状态。使用这样的车刀车削时,不仅会直接影响工件的表面粗糙度,而且也会降低车刀的使用寿命。若是硬质合金车刀,在切削过程中还会产生崩刃现象。所以手工刃磨的车刀还应用细油石研磨其刃刃。研磨时,手持油石在刀刃上来回移动。要求动作平稳、用力均匀,如图 1-30 所示。

应消除研磨后的车刀在砂轮上刃磨后的残留痕迹,刀面表面粗糙度值应达到 Ra20.4~0.2 μm。

3. 车刀刃磨技能训练

1)训练内容

(1)刃磨图 1-31 所示的 90°外圆车刀。

(2)刃磨图 1-32 所示的 45°硬质合金外圆车刀。

(3)刃磨图 1-33 所示的 45°带断屑槽的外圆车刀。

(4)刃磨图 1-34 所示的 90°带断屑槽的外圆车刀。

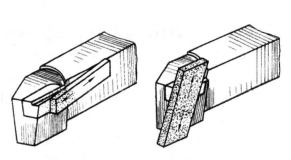

图1-30 用油石研磨车刀

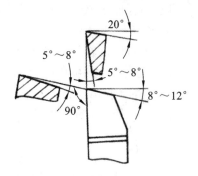

图1-31 90°外圆车刀刃磨训练

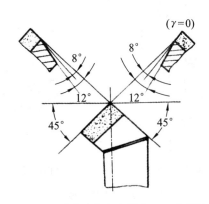

图1-32 45°硬质合金外圆车刀刃磨训练

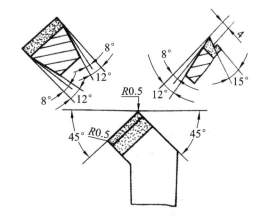

图1-33 45°外圆车刀刃磨训练

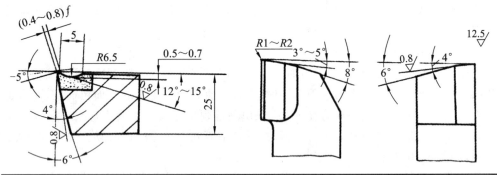

练习件名称	材料	材料来源	下道工序	件数	工时(min)
90°外圆车刀	45钢(刀柄)	20 mm×20 mm×20 mm		1~2	60
	YG8(切削部分)	90° 焊接刀			

图1-34 90°外圆车刀刃磨训练

2) 要求

(1) 按图示要求刃磨各刀面。

(2) 刃磨、修磨时,姿势要正确,动作要规范,方法要正确。

(3) 遵守安全、文明操作的有关规定。

3）注意事项

（1）刃磨时须戴防护镜。

（2）新装的砂轮必须经过严格检查,经试转合格后才能使用。

（3）砂轮磨削表面须经常修整。

（4）磨刀时,操作者应尽量避免正对砂轮,以站在砂轮侧面为宜。这样不仅可防止砂粒飞入眼中,更重要的是可避免因万一砂轮破损而伤人。一台砂轮机以一个人操作为好,不允许多人聚在一起围观。

（5）磨刀时,不要用力过猛,以防打滑而伤手。

（6）使用平型砂轮时,应尽量避免在砂轮端面上刃磨。

（7）刃磨高速钢车刀时,应及时冷却,以防刀刃退火,致使硬度降低。而刃磨硬质合金外圆车刀时,则不能把刀体部分置于水中冷却,以防刀片因骤冷而崩裂。

（8）刃磨结束后,应随手关闭砂轮机电源。

◀ 项目5　车刀切削部分几何参数的选择 ▶

刀具几何参数除具有刀具的几何角度外,还包括前刀面形式和切削刃形状等。刀具合理几何参数是指在保证加工质量和刀具耐用度的前提下,能满足提高生产率和降低成本的刀具几何参数。

一、前角和前刀面形状的选择

1. 前刀面形式

前刀面在主剖面内通常有以下四种形式如图 1-35 所示。

1）正前角平面形（见图 1-35(a)）

这种形式的特点是结构简单、刀刃锐利,但强度低、传热能力差、切削变形小,不易断屑。多用于各种高速钢刀具和切削刃形状较复杂的成形车刀,及加工铸铁、青铜等脆性材料用的硬质合金车刀。

2）正前角平面带倒棱形（见图 1-35(b)）

在正前角车刀切削刃附近的前刀面上,磨出很窄的棱边,称为倒棱。它可提高切削刃强度和增大传热能力,对脆性大的硬质合金刀具来说,则可采用较大的前角,改善刀具的切削性能。但倒棱的宽度一定要使切屑沿前刀面而不是沿负倒棱流出,否则会变为负前角。因此,倒棱参数在切削塑性材料时应按 $b_{r1}=(0.5\sim0.8)f$, $\gamma_{o1}=5°\sim10°$ 选取。这种形式的切削刃强度好,切割作用较强,切屑变形小,较易断屑,多用于粗加工铸锻件或断续切削。其中正倒棱适于高速钢车刀,负倒棱适于硬质合金车刀。

3）正前角曲面带倒棱形（见图 1-35(c)）

这种形式,是在平面带倒棱的基础上,前刀面上又磨出一个曲面,称为卷屑槽或月牙槽。它可增大前角,并能起到卷屑的作用。其曲面圆弧半径 R_n 由前角和曲面槽宽 W_n 而定,可按下式计算：

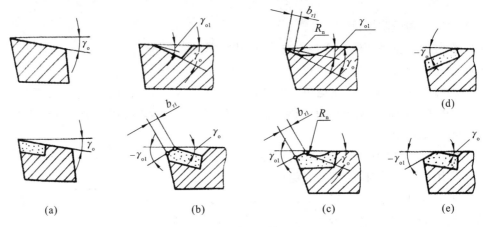

图 1-35 前刀面的形式

$$R_\text{n}=\frac{W_\text{n}}{2\sin\gamma_\text{o}} \tag{1-7}$$

这种前刀面形式在粗加工和半精加工中采用较多。

4）负前角平面型（见图 1-35(d)）

切削高强度、高硬度材料时，为使脆性大的硬质合金刀片承受压应力，而采用负前角。当刀具磨损主要产生于后刀面时，可采用负前角平面型，适于加工淬硬钢、高锰钢等材料。当刀具前刀面磨损时，刃磨前刀面使刀具材料损失过大，也可采用负前角双面型。这时负前角的棱面应具有足够的宽度，以确保切屑沿该面流出（见图 1-35(e)）。

高速钢车刀的前刀面有 3 种形式，而硬质合金车刀的前刀面则有 5 种形式。

2．前角的选择

选择前角应考虑"锐中求固"的原则，即在保证车刀有足够强度的前提下，力求锋利。在使切削刃锋利的同时，设法强化刀尖和切削刃。

1）按刀具材料选择

高速钢的抗弯强度与冲击韧性比硬质合金高，因此高速钢刀具可选用较大的前角，硬质合金刀具应选择较小的前角。

2）按工件材料选择

（1）车削塑性材料时，切屑呈带状，切削阻力集中在离刀尖较远的地方，为了减小切削变形，前角应取较大值。车削脆性材料时，切屑一般呈崩碎状，切削阻力集中在刃口附近，而且带有冲击性，为了避免崩刃，一般应选用较小的前角，但不宜选用负前角。

（2）工件材料的强度、硬度较低时，选用较大前角；反之，选用较小的前角。用硬质合金刀具加工特硬材料（如淬硬钢）和强度很高的材料（如高锰钢）时，应选用负前角。

3）按加工条件选择

（1）粗车时，特别是断续车削，承受冲击载荷，应选用较小的前角；精车时，应选用较大的前角。

（2）工艺系统刚性较差时，应选较大的前角。常用车刀合理前角参考值如表 1-6 所示。

表 1-6 前角的参考值

工 件 材 料		前 角	
		高速钢刀具	硬质合金刀具
铝及铝合金		$30°\sim35°$	$30°\sim35°$
紫铜及铅合金(软)		$25°\sim30°$	$25°\sim30°$
铜合金(脆性)	粗加工	$10°\sim15°$	$10°\sim15°$
	精加工	$5°\sim10°$	$5°\sim10°$
结构钢	$\sigma_b<800$ MPa	$20°\sim25°$	$15°\sim20°$
	$\sigma_b=800\sim1000$ MPa	$15°\sim20°$	$10°\sim15°$
灰铸铁及可锻铸铁	HBS=220	$20°\sim25°$	$15°\sim20°$
	HBS>220	$10°$	$8°$
铸、锻钢件或断续切削灰铸铁		$10°\sim15°$	$5°\sim10°$

注:表列硬质合金车刀的前角值是指刃口磨有倒棱的情况。

二、后角的选择

后角的选择原则是:在保证刀具有足够的强度和散热体积的基础上,保证刀具锋利和减少后刀面与工件的摩擦。所以后角的选择应根据刀具、工件材料和加工条件而定。在粗加工时以确保刀具强度为主,应取较小的后角($\alpha_o=4°\sim6°$);在精加工时以保证加工表面质量为主,一般取($\alpha_o=8°\sim12°$)。

工件材料硬度高、强度大或者加工脆性材料时取较小后角;反之,后角可取大点。

高速钢车刀的后角比同类型的硬质合金车刀稍大一些。

一般车刀的副后角取和主后角相同的数值。但切断刀受刀头强度限制,副后角较小($\alpha_o=1.5°\sim2°$)。

三、主偏角的选择

主偏角主要根据加工条件、工件材料的性能和工艺系统刚性及工件表面形状的要求,进行合理的选择。

(1)粗加工和半精加工,硬质合金车刀一般选用较大的主偏角,以减少振动,提高刀具寿命,便于断屑和采用较大的切削深度。

(2)加工高硬度的材料,如冷硬铸铁和淬硬钢,为减轻单位长度切削刃上的负荷,改善刀头散热条件,提高刀具寿命,宜取较小的主偏角。

(3)工艺系统刚性较好时,减小主偏角可提高刀具寿命;刚性不足(如车细长轴)时,应取较大的主偏角,以减小径向阻力,减少振动。

(4)如需要从中间切入工件时,应增大主偏角,可取 $\kappa_r=45°\sim60°$。

硬质合金车刀合理主偏角的参考值如表 1-7 所示。

表 1-7　车刀主偏角和副偏角参考值

加工情况		偏角数值(°)	
		主偏角 κ_r	副偏角 κ'_r
粗车,无中间切入	工艺系统刚性好	45,60,75	5~10
	工艺系统刚性差	65,75,90	10~15
车细长轴、薄壁件		90,93	6~10
精车,无中间切入	工艺系统刚性好	45	0~5
	工艺系统刚性差	60,75	0~5
车削冷硬铸铁,淬硬钢		10~30	4~10
从工件中间切入		45~60	30~45
切断刀、切槽刀		60~90	1~2

四、副偏角的选择

副偏角的合理数值首先应满足加工表面质量要求,再考虑刀尖强度和散热体积。

(1)一般刀具的副偏角,在不引起振动的情况下可选取较小的数值($\kappa'_r=5°\sim10°$)。

(2)精加工刀具的副偏角应取得更小些,必要时,可磨出一段 $\kappa'_r=0°$ 的修光刃。

(3)加工高强度、高硬度材料或断续切削时,应取较小的副偏角($\kappa'_r=4°\sim16°$),以提高刀尖强度。

(4)切断刀为了使刀头强度和重磨后刀头宽度变化较小,只能取较小的副偏角刀尖强度($\kappa'_r=1°\sim2°$)。

硬质合金车刀合理副偏角参考值如表1-7所示。

五、过渡刃的选择

刀尖是车刀工作条件最恶劣的部位。刀尖强度差,切削阻力和切削热又较集中,很容易磨损。刀尖处磨有过渡刃后,则能显著地改善刀尖的切削性能,提高刀具寿命。

过渡刃形状有圆弧形和直线形两种,如图1-36所示。

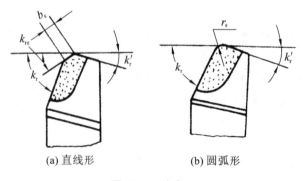

(a) 直线形　　　　　　　(b) 圆弧形

图 1-36　过渡刃

1．圆弧形过渡刃

1）圆弧形过渡切削刃的特点

选用合理的刀尖圆弧半径 r_ε、可提高刀具耐用度，并对工件表面有较好的修光作用，但刃磨较困难；刀尖圆弧半径过大时，会使径向切力增大，易引起切削振动。

2）圆弧形刀尖的参考取值

（1）高速钢刀：$\kappa_\varepsilon = 1 \sim 3$ mm。

（2）硬质合金车刀：$\kappa_\varepsilon = 0.5 \sim 1.5$ mm，γ_ε 的数值，精车取大值，粗车取小值。

2．直线形过渡刃

1）直线形过渡的特点

可提高刀具耐用度和改善工件表面质量。偏角 $\kappa_{r\varepsilon}$ 越小，对工件表面的修光作用越好。直线过渡刃刃磨方便，适用于各类刀具。

2）直线形过渡刃的参考取值

（1）粗加工及强力切削车刀：$\kappa_{r\varepsilon} = 1/2\kappa_r$；$b_\varepsilon = 0.5 \sim 2$ mm（约为切削深度 a_p 的 $1/4 \sim 1/5$）。

（2）精加工车刀：$\kappa_{r\varepsilon} = 1° \sim 2°$，$b_\varepsilon = 0.5 \sim 1$ mm。

（3）切断车刀：$\kappa_{r\varepsilon} = 45°$，$b_\varepsilon = 0.5 \sim 1$ mm（约为车刀宽度的 $1/5$）。

在刃磨过渡刃时切不要将其磨得过大，否则会使径向切削阻力增大，易引起振动。

六、刃倾角的选择

当 λ_ε 越大时，刀具的实际前角越大，可使切削阻力下降。但当负 λ_ε 的绝对值增大时 F_y 增加易引起振动，且切屑易擦伤加工表面。实验证明从刀具寿命考虑，λ_ε 并非越大越好，在一定条件下合理数值如下。

（1）加工普通碳钢和灰铸铁，粗车时取 $\lambda_\varepsilon = 0° \sim 5°$；精车时取 $\lambda_\varepsilon = 0° \sim 5°$；有冲击负有时，$\lambda_\varepsilon = -5° \sim 15°$；冲击特别大时，负 λ_ε 可取更大的绝对值，甚至取 $\lambda_\varepsilon = -30° \sim -45°$。

（2）车削浮硬钢，$\lambda_\varepsilon = -50° \sim -12°$ 或者负数的绝对值更大些。

（3）工艺系统刚性不足时，尽量不用负刃倾角。

（4）微量精车外圆、精车孔时，也可采用大刃倾角刀具 $\lambda_\varepsilon = 45° \sim 75°$。

模块 2
切削基本知识

◀ **知识目标**

（1）知道金属切削过程的实质是什么。

（2）知道切削阻力是如何产生的。

（3）知道刀具的磨钝标准。

（4）知道切削用量的选择要求是什么。

（5）知道不锈钢难切削的原因是什么。

◀ **技能目标**

（1）学会合理地选择切削用量。

（2）如何达到较理想的断屑效果。

◀ 项目 1　切削用量的选择 ▶

一、合理选择切削用量的目的

在工件材料、刀具材料、刀具几何参数、车床等切削条件一定的情况下选择切削用量,不仅对切削阻力、切削热、积屑瘤、工件的加工精度、表面粗糙度等有很大的影响,而且与提高生产率,降低生产成本有密切的关系。虽然加大切削用量对提高生产效率有利,但过分增加切削用量却会加速刀具磨损,影响工件质量,甚至会撞坏刀具,产生"闷车"等严重后果,所以应合理选择切削用量。

合理的切削用量应满足以下要求:在保证安全生产,不发生人身、设备事故,保证工件加工质量的前提下,能充分地发挥机床的潜力和刀具的切削性能,在不超过机床的有效功率和工艺系统刚性所允许的额定负荷的情况下,尽量选用较大的切削用量。

二、选择切削用量的一般原则

1. 粗车时切削用量的选择

粗车时,加工余量较大,主要应考虑尽可能提高生产效率和保证必要的刀具寿命。由于切削速度对切削温度影响最大,切削速度增大,会导致切削温度升高,刀具磨损加快,刀具使用寿命明显下降,这是我们不希望发生的。所以应首先选择尽可能大的进给量,然后再选取合适的切削深度,最后在保证刀具经济耐用度的条件下,尽可能选取较大的切削速度。

1) 选切削深度 a_p

切削深度应根据工件的加工余量和工艺系统的刚性来选择。

(1) 在保留半精加工余量(1~3 mm)和精加工余量(0.2~0.5 mm)后,应尽量将剩下的余量一次切除,以减小走刀次数。

(2) 若总加工余量太大,一次切去所有余量将引起明显振动,或者刀具强度不允许,机床功率也不够。这时就应分两次或多次进刀,但第一次进刀深度必须选取得大一些。

特别是当切削表面层有硬皮的铸铁、锻件毛坯或不锈钢等冷硬现象较严重的材料时,应尽量使切削深度超过硬皮或冷硬层厚度,以免刀尖过早磨损或破损。

2) 选进给量 f

一般制约进给量的主要因素是切削阻力和表面粗糙度。粗车时,对加工表面粗糙度要求不高,只要工艺系统的刚性和刀具强度允许,可以选较大的进给量,否则应适当减小进给量。

粗车铸铁件比粗车钢件切削深度大而进给量小。

3) 选切削速度

粗车时切削速度的选择,主要考虑切削的经济性,既要保证刀具的经济耐用度,又要保证切削负荷不超过机床的额定功率。具体可做如下考虑。

① 刀具材料耐热性好,则切削速度可选得高一些。用硬质合金车刀比用高速钢车刀切

削时的切削速度高。

② 工件材料的强度大、硬度高，或塑性太大或太小，切削速度均应选取得低一些。

③ 断续切削（即加工不连续表面时），应取较低切削速度。

工艺系统刚性较差时，切削速度应适当减小。

2. 半精车和精车时切削用量的选择

精车时加工余量较小，此时主要考虑要保证加工精度和表面质量，若要提高生产率，只有适当提高切削速度。而此时，由于被切削层较薄，切削阻力较小，刀具磨损也不突出，这就具备了适当提高切削速度的条件。此时应尽可能选择较高的切削速度，然后选取大的进给量。

1）选切削速度

为了抑制积屑瘤的产生，提高表面粗糙度，当用硬质合金车刀切削时，一般可选用较高的切削速度（80～100 mm/min），这样既可以提高生产效率，又可以提高工件表面质量。而对高速钢车刀，则宜采用较低的切削速度，以降低切削温度。

2）选进给量

半精车和精车时，制约增大进给量的主要因素是表面粗糙度。半精车尤其是精车时通常选用较小的进给量。

3）选切削深度

半精车和精车的切削深度是根据加工精度和表面粗糙度要求并由粗加工后留下的余量决定的。若精车时选用硬质合金车刀，由于其刃口在砂轮上不易磨得很锋利，因此最后一刀的切削深度不宜选得过小，否则很难满足工件的表面粗糙度要求。若选用高速钢车刀，则可选择较小切削深度。

◀ 项目 2　切 削 端 面 ▶

一、外圆车刀的种类、特征和用途

常用的外圆车刀有三种，其主偏角（κ_r）分别为 90°、75° 和 45°。

1. 90° 车刀

90° 车刀简称偏刀。按车削时进给方向的不同又分为左偏刀和右偏刀两种，如图 2-1 所示。

左偏刀的主切削刃在刀体右侧，如图 2-1（a）所示，由左向右纵向进给，反向进刀，又称反偏刀。

右偏刀的主切削刃在刀体左侧，如图 2-1（b）所示，由右向左纵向进给，又称正偏刀。右偏刀一般用来车削工件的外圆、端面和右向阶台。因为它的主偏角较大，车削外圆时作用于工件的径向切削力较小，不易将工件顶弯，如图 2-2 所示。在车削端面时，因是副切削刃担任切削任务，如果由工件外缘向中心进给，当切削深度 a_p 较大时，切削力 F 会使车刀扎入工件形成凹面，如图 2-2（a）所示，为避免这一现象发生，可改由轮中心向外线进给，由主切削刃切削，但切削深度 a_p 应取小值，在特殊情况下可改为用如图 2-2（c）所示的端面车刀车削。左偏刀常用来车削工件的外圆和左向阶台,也适用于车削外径较大而长度较短的工件的端面,如图 2-2(d)所示。

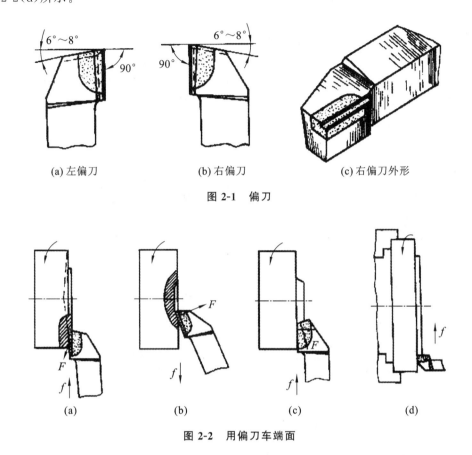

(a) 左偏刀   (b) 右偏刀   (c) 右偏刀外形

图 2-1 偏刀

(a)   (b)   (c)   (d)

图 2-2 用偏刀车端面

2. 75°车刀

75°车刀的刀尖角(ε_r)大于 90°,刀头强度好、耐用,因此适用于粗车轴类工件的外圆和强力切削铸件、锻件等余量较大的工件,如图 2-3(a)所示,其左偏刀还可用来车削铸件、锻件的大平面,如图 2-3(b)所示。

3. 45°车刀

45°车刀俗称弯头刀。它也分为左、右两种,其刀尖角等于 90°,所以刀体强度和散热条件都比 90°车刀好,常用于车削工件的端面和进行 45°倒角,也可用来车削长度较短的外圆。

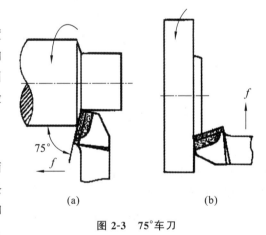

(a)   (b)

图 2-3 75°车刀

二、车刀安装

将刃磨好的车刀装夹在方刀架上。车刀安装正确与否,直接影响车削的顺利进行和工件的加工质量。所以,在装夹车刀时必须注意下列事项。

（1）车刀装夹在刀架上的伸出部分应尽量短，以增强其刚性。伸出长度约为刀柄厚度的 1～1.5 倍。车刀下面垫片的数量要尽量少，并与刀架边缘对齐，且至少用两个螺钉平整压紧，以防振动。

（2）车刀刀尖应与工件中心等高，如图 2-4(b)所示。车刀刀尖高于工件轴线，如图 2-4(a)所示，会使车刀的实际后角减小，车刀后面与工件之间的摩擦增大。车刀刀尖低于工件轴线，如图 2-4(c)所示，会使车刀的实际前角减小，切削阻力增大。刀尖不对准中心，在车至端面中心时会留有凸头，如图 2-4(d)所示。使用硬质合金车刀时，若忽视此点，车到中心处会使刀尖崩碎，如图 2-4(e)所示。

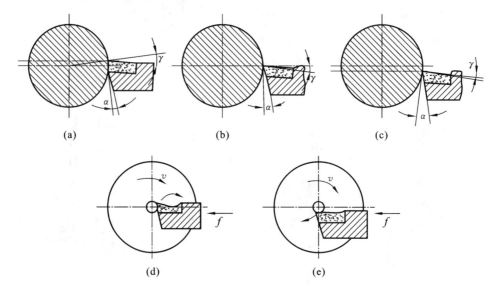

图 2-4　车刀刀尖不对准工件中心的后果

安装车刀刀尖与工件中心等高的具体操作方法可以有以下几种。
① 根据车床的主轴中心高，用钢直尺测量装刀。
② 根据机床尾座顶尖的高低装刀。
③ 将车刀靠近工件端面，用目测估计车刀的高低，然后夹紧车刀，试车端面，再根据端面的中心来调整车刀。

三、工件的安装

车削时，必须将工件安装在车床的夹具上或三爪自定心卡盘上，经过定位、夹紧，使它在整个加工过程中始终保持正确的位置。工件安装是否正确可靠，直接影响生产效率和加工质量，应该受到一定的重视。

由于工件形状、大小的差异和加工精度及数量的不同，在加工时应分别采用不同的安装方法。

1. 在三爪自定心卡盘上安装工件

三爪自定心卡盘的三个卡爪是同步运动的，能自动定心，一般不需找正。但在安装较长的工件时，工件离卡盘夹持部分较远处的旋转中心不一定与车床主轴中心重合，这时必须找正。或当三爪自定心卡盘使用时间较长，已失去应有精度，而工件的加工精度要求又较高

时,也需要找正。总的要求是使工件的回转中心与车床主轴的回转中心重合。

通常可采取以下几种方法。

（1）粗加工时可用目测和划针找正工件毛坯表面。

（2）半精车、精车时可用百分表找正工件的外圆和端面。

（3）装夹轴向尺寸较小的工件时,还可以先在刀架上装夹一圆头铜棒,再轻轻夹住工件,然后使卡盘低速带动工件转动,移动床鞍,使刀架上的圆头铜棒轻轻接触已粗加工的工件端面,观察工件端面大致与轴线垂直后即停止旋转,并夹紧工件。

2. 在四爪单动卡盘上安装工件

四爪单动卡盘的四个卡爪是各自独立运动的,因此在安装工件时,必须将工件的旋转中心找正到与车床主轴旋转中心重合后才可车削。四爪单动卡盘的找正比较费时,但夹紧力较大,所以适用于装夹大型或形状不规则的工件。

3. 在两顶尖之间安装工件

对于较长或必须经过多道工序才能完成的轴类工件,为保证每次安装时的精度,可用两顶尖装夹。两顶尖安装工件方便,无须找正,而且定位精度高,但装夹前必须在工件的两端面钻出合适的中心孔。

四、车端面

1. 车端面的步骤

开动机床使工件旋转,移动小滑板或床鞍。控制切削深度,然后锁紧床鞍。摇动中滑板手柄做横向进给,由工件外缘向中心车削,如图 2-5(a)所示,也可由中心向外缘车削,如图 2-5(b)所示。若选用 90° 车刀车削端面,还应采取由中心向外线车削的方式。

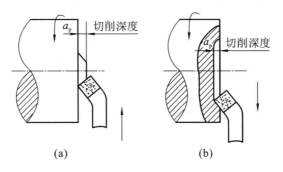

图 2-5 横向进给车端面

粗车时,选 $a_p = 2 \sim 5$ mm,$f = 0.3 \sim 0.7$ mm/r;精车时,一般选 $a_p = 0.2 \sim 1$ mm、$f = 0.1 \sim 0.3$ mm/r。车端面时的切削速度随着工件直径的减小而减小,计算时必须按端面的最大直径计算。

2. 端面的测量

要求端面既与轴心线垂直,又要平直、光洁。一般可用钢直尺和刀口尺来检测端面的平面度。阶台的长度尺寸和垂直误差可以用钢直尺和游标深度尺测量,对于批量生产或精度要求较高的阶台,可以用样板测量。

◀ 项目3 切削过程的基本知识 ▶

金属切削是用刀具从工件上切除一层多余的金属的过程,也是切屑产生和已加工表面形成的过程。

金属切削过程实质是被切金属层经受挤压产生滑移变形的过程,在这个过程中会伴随着金属变形、切削力、切削热、刀具磨损等物理现象。而生产过程中出现的许多问题,如鳞刺、积屑瘤、振动、卷屑与断屑等,都同切削过程有关。随着难加工材料的应用越来越多,对零件的要求也不断提高,同时,切削加工自动化和计算机在机械加工中的应用日益广泛,要求我们开展对金属切削过程的研究,以创造出更加先进的切削方法和高质量的刀具,从而提高工件加工生产效率并降低成本,适应生产发展的需要。

一、切削过程

1. 切屑形成过程

切削时,在刀具切削刃的切割和前刀面的推挤作用下,使被切削的金属层产生剪切滑移,最后脱离工件变为切屑,这个过程称为切削过程,现以常见的塑性金属的切削过程做具体说明。

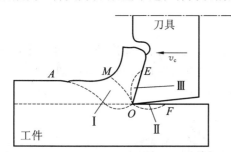

图 2-6 切削形成过程及切削变形区

切屑的具体形成过程如图 2-6 所示。切削塑性金属刀具时,当工件受到刀具的挤压后,切削层金属在 OA 始滑移面以左发生弹性变形,在 AOM 区域内产生塑性变形,在 OM 终滑移面上应力和塑性变形达到最大值,切削层金属被挤裂而受到破坏。越过 OM 面,金属要沿前刀面方向排出,在前刀面的挤压、摩擦过程中进一步变形,使切削层金属的底部挤压伸长,造成切削层金属的卷曲,继而终因剪应力超过其强度极限,便沿剪切面与工件母体分离而成为切屑并沿前刀面排出。这是一个动态过程,随着刀具不断向前运动,AOM 区域也不断前移,切屑源源不断地流出,切屑层各点金属均要经历弹性变形、塑性变形、挤裂和切离这四个阶段。

2. 切屑类型

金属切削时,由于工件材料、刀具几何形状和切削用量等加工条件的不同,切屑的变形程度也会随之改变,所形成的切屑形状也各异,一般有以下四种基本形态,如图 2-7 所示。

1) 带状切屑

带状切屑(见图 2-7(a))呈连绵不断的带状或螺旋状,与前刀面接触的内表面光滑,外表面呈毛茸状,且在放大镜下可观察到剪切面条纹。一般在加工塑性材料(软钢铝),采用较大的前角 γ、较小的切削深度 α_p、较高的切削速度 v_c 时,会形成此类切屑。在此过程中,由于切削力变化小,切削过程稳定,因而已加工表面的表面粗糙度值较小。但带状切屑过长会影响机床正常工作和工人安全,因而要采取断屑措施。

2）节状切屑

节状切屑（见图 2-7（b））是连续的，它和带状切屑的不同之处在于其外表呈锯齿形，内表面有时有裂纹。节状切屑是由于切削层变形和加工硬化大，在 OM 终滑移面上靠近切屑外表面处的应力达到材料的强度极限而形成的。当采用小的前角 γ_o、大的切削深度 a_p 和低的切削速度 v_c 加工塑性较差材料时，会形成挤裂状切屑，又叫节状切屑。

3）粒状切屑

切削塑性很大的材料（如铅、紫铜）时，切屑容易在前刀面上形成黏结而不易流出，产生很大的变形，超过材料强度极限，使切屑不能连续而呈分离的颗粒状，因此形成粒状切屑（见图 2-7（c））。在产生挤裂状和粒状切屑的过程中，切削力有较大的波动，尤其是粒状切屑，在形成过程中会产生振动而使加工表面粗糙。粒状切屑较少见。

4）崩碎状切屑

切削脆性材料（如铸铁、黄铜）时，形成不规则的片状或粒状切屑（见图 2-7（d））。由于这类材料塑性很差，强度极限较低，切削时，在切削刃和前刀面附近的金属还未经过明显塑性变形，就被挤压断或脆断，而形成不规则的崩碎切屑。因而已加工表面的表面粗糙度值变大。工件材料越脆、硬，刀具前角愈小；切削深度越大，越容易形成此类切屑。

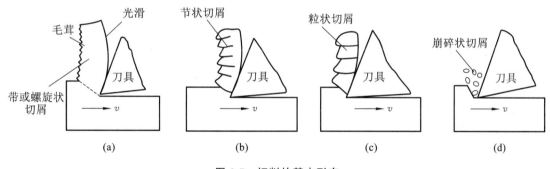

图 2-7　切削的基本形态

3. 积屑瘤

以中等切削速度切削塑性材料时，带状切屑受到前刀面的挤压与摩擦作用，产生了平行于前刀面的切应力，使切屑底层的流速略低于上层的流速，即形成了滞流层。当滞流层的部分材料所受到的切应力大于其强度极限时，再加上适当的温度和压力影响，这部分金属材料便会停滞不前，而牢固地黏附在刀具上，成为硬度高于工件的积屑瘤。它可以逐渐堆积在靠近刀刃和刀尖的地方，甚至会把它们覆盖起来，并代替刀刃进行切削。积屑瘤在形成过程中不断长高，当它长到一定高度后，因不能承受切削阻力而破碎脱落，随后又不断长高，如图 2-8 所示。因此，积屑瘤的形成是一个时生、时灭，周而复始的动态过程。

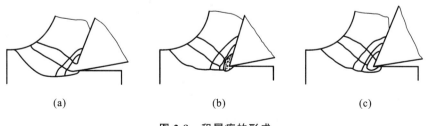

图 2-8　积屑瘤的形成

1）积屑瘤对切削的影响

（1）保护刀具。

积屑瘤的硬度约为工件材料硬度的 2～4 倍，好像一个刃口圆弧半径较大的楔块，能代替切削刃进行切削，且保护了切削刃和前刀面，减少了刀具的磨损，因此在粗加工时积屑瘤是有积极作用的。

（2）增大实际前角。

有积屑瘤的车刀，实际前角 γ_{oe} 可增大至 $30°～35°$，如图 2-9 所示，因而减小了切屑的变形，降低了切削力。

（3）影响工件表面质量和尺寸精度。

由于积屑瘤总是极不稳定，时生时灭，时大时小。在切削过程中，一部分积屑瘤被切屑带走，还有一部分嵌入工件已加工表面，使工件表面形成硬点和毛刺，表面粗糙度值变大，如图 2-10 所示。

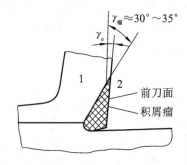

图 2-9　积屑瘤增大实际前角图
1—切屑；2—刀具

图 2-10　积屑瘤被工件和切削（切屑）带走的情况

当积屑瘤大到切削刃之外时，刀尖的实际位置发生了变化，改变了切削深度，影响了工件的尺寸精度。因此，在精加工时，应设法避免产生积屑瘤。

2）影响积屑瘤的主要因素

影响积屑瘤的主要因素是工件材料、切削速度、走刀量、前角和切削液等。其切削速度对产生积屑瘤的影响最大。这里重点分析切削速度对积屑瘤的影响，如图 2-11 所示。

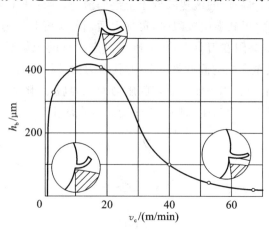

图 2-11　切削速度对积屑瘤的影响

由图上分析可知,在中等切削速度(15～30 m/min)时,切削温度在 300 ℃ 左右,切屑底层金属塑性变形增大,切屑与前刀面接触增大,因而这时的摩擦系数最大,最易产生积屑瘤。高速(70 m/min 以上)或低速(5 m/min 以下)切削时,会使切削温度高于或低于 300 ℃,摩擦系数降低,从而使积屑瘤减小。由此可知将切削速度控制在小于 5 m/min 或大于 70 m/min 的范围内是减小团积屑瘤的重要措施之一。

此外,增大前角 γ_o 减小走刀量,减小前刀面表面粗糙度值和注入充分的切削液冷却,都可减少积屑瘤的产生。

4. 加工硬化

切削塑性金属时,工件已加工表面层的硬度明显提高而塑性下降的现象称为表面加工硬化。

从如图 2-6 所示的切屑形成过程可知,切削塑性金属时,第Ⅰ、第Ⅱ变形区均扩展到切削层以下,使即将成为已加工表面的表层金属产生一定的塑性变形。由于刀具的刃口不可能绝对锋利,总存在一段半径为 r_2 刀尖圆弧,导致切削层与工件母体的分离点 O 不在刃口圆弧的最低点,因而有一层厚度为 ΔH 的金属层留下来,并被 O 点以下的刃口圆弧面挤压变形后成为已加工表面。ΔH 减薄到 Δh,减薄是因为刀具挤压变形后,金属塑性变形部分不能恢复,恢复的只是弹性变形部分(即 $\Delta H - \Delta h$),如图 2-12 所示,塑性变形愈大,表面变形硬化愈严重。硬化层的硬度为工件硬度的 1.2～2 倍,硬化层深度为 0.07～0.05 mm。

切削加工造成的已加工表面硬化层常常伴随有表面裂纹,使表面粗糙度值增大,疲劳强度下降。当以较小的切削深度再次切削时,则刀具不易切入,并且容易磨损。因此,应设法减轻这种现象。

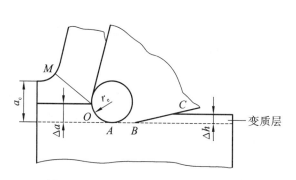

图 2-12　已加工表面的形成与加工硬化

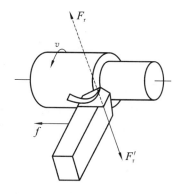

图 2-13　切削力 F_r 与切削阻力 F_r'

二、切削力

切削时,切削刀具对工件的作用力称为切削力 F_r,它作用在工件上。切削时,工件材料抵抗刀具切削所产生的阻力称为切削阻力 F_r',它作用在刀具上。切削力 F_r 与切削阻力 F_r' 是一对大小相等、方向相反、分别作用在两个不同物体上的作用力与作用反力,如图 2-13 所示。

切削阻力在切削过程中,对刀具的寿命、机床功率的消耗和工件的加工质量都有很大的影响。

1. 切削阻力的来源

切削时,刀具不仅要受到来自被切金属、切屑以及工件表面层金属的塑性变形和弹性变形所产生的变形抗力($F_{弹1}$、$F_{弹2}$、$F_{塑1}$、$F_{塑2}$),而且要受到前刀面与切屑以及后刀面与工件表面间的摩擦阻力 F_1 和 F_2,而切削阻力就是这些力的合力(矢量和),如图 2-14 所示。

2. 切削阻力的分解

切削阻力 F_r' 是一个空间矢量,它的大小与方向都不易测量,为了便于分析切削阻力的作用及测量,计算切削力的大小,通常将切削阻力 F_r' 分解成三个相互垂直的分力:主切削阻力 F_z'、径向阻力 F_y'、轴向阻力 F_x'(见图 2-15)。

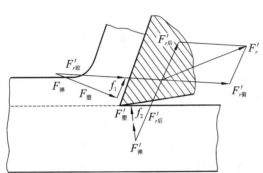

图 2-14 切削阻力的来源

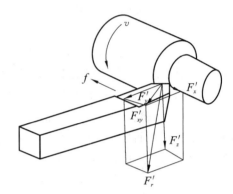

图 2-15 切削阻力的分解

当已知三个分力的数值后,合力 F_r' 的数值可按下式计算:

$$F_r = \sqrt{F_x'^2 + F_y'^2 + F_z'^2} \tag{2-1}$$

1)主切削阻力

F_z' 垂直于基面,与切削速度 v_c 方向一致,它是诸分力中最大的一个,消耗的动力最多,占机床总功率的 95%～99%。F_z' 会使刀杆产生弯曲,因此装刀时刀杆应尽量伸出得短一些。

2)径向阻力 F_y'

它在基面内,且与径向进给方向平行,它不消耗机床功率。但是,它的反作用径向切削力作用于工件的径向,有将工件顶弯的趋势。当工件细长,机床、刀具、夹具等刚性不足时,容易产生变形与振动,影响加工精度和表面粗糙度。

3)轴向阻力 F_x'

F_x' 在基面内,且与纵向进给方向平行,它只消耗机床总功率的 1%～5%。由于它与工件轴线平行,有使车刀朝与进给方向相反的方向偏转的趋势。当车刀安装不牢时,常常因车刀移动而使工件报废。

3. 影响切削阻力的因素

切削阻力是切削过程中不可避免的一种抗力,它对切削会产生不利的影响,因此应尽量减小切削阻力。影响切削阻力的因素很多,凡是影响变形与摩擦的因素都会影响切削阻力。减小切削阻力的主要措施是增大前角和减小切削深度。

1)工件材料

工件材料对切削阻力的影响较大。工件材料的硬度或强度越高,变形抗力越大,切削阻力就越大。钢的强度与变形大于铸铁,因此切削钢材时的切削阻力较切削铸铁时的切削阻力大(前者为后者的 1.5~2 倍)。

2) 切削用量

切削用量中,主要是切削深度和进给量,通过影响切削面积来影响切削阻力。其中切削深度对切削阻力的影响最大,其次是进给量。

切削深度和进给量增大,分别会使切削厚度、切削宽度增大,因此切削面积也增大。所以变形抗力和摩擦阻力增大,因而切削阻力也随之增大。当切削深度增大 1 倍时,主切削阻力 F'_z 也增大一倍;但当进给量增大 1 倍时,F'_z 只增加 0.75~0.9 倍。这对指导生产实践有重要意义,例如:为了提高生产率采用大进给量比大切削深度要更省力。

由于切削速度只通过影响切屑变形程度来影响切削阻力,而对切削面积没有影响,所以切削速度没有切削深度和进给量对切削阻力的影响大。

切削脆性金属时,因为变形和摩擦均较小,所以切削速度改变时,切削力变化不大。

3) 车刀角度

(1) 前角 γ_o。 前角增大,切屑变形小,切削阻力明显减小。

(2) 主偏角 κ_r。 切削塑性金属时,当 κ_r 小于 60°,主偏角增大,则主切削阻力 F'_z 将减小;当 κ_r 大于 75°,主偏角增大,则由于刀尖圆弧的影响,主切削阻力 F'_z 将随之增大(不同车刀的主切削阻力为极值时的 κ_r 有所不同,一般为 60°~75°)。

切削脆性金属时,当 $\kappa_r > 45°$ 后,主切削阻力基本不随 κ_r 变化而改变。

(3) 刃倾角 λ_s。 当 λ_s 在 10°~45° 范围内变动时,主切削阻力基本不变;但当 λ_s 减小时,F'_y 增大,F'_x 减小。

三、切削热和切削温度

切削热是切削过程中因金属变形和摩擦而产生的热量。切削热和由它产生的切削温度,直接影响刀具的磨损程度和使用寿命,并影响工件的加工精度和表面质量,尤其在高速切削时更为明显。

1. 切削热的来源与扩散

切削热来源于切削层金属发生弹性变形和塑性变形产生的热量以及切屑与前刀面、工件与后刀面摩擦产生的热量。切削过程中上述变形与摩擦消耗的功率绝大部分转化为热能。

切削热通过切屑、工件、刀具向周围的介质扩散。切削热传至各部分的比例中,一般是切屑带走的热量最多。如不用切削液,以中等切削速度切削钢件时,切削热的 50%~80% 由切屑带走,10%~40% 传入工件,3%~9% 传入车刀,1% 左右传入周围空气,如图 2-16 所示。

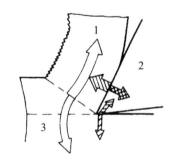

图 2-16 切削热源与切削热的扩散图
1—切削;2—刀具;3—工件

2. 切削温度

由于切削热的产生使切削区域的温度上升,而切削温度在切削区域的分布是不均匀的。通常说的切削温度是指切屑与前刀面接触区域的平均温度。切削温度的高低取决于单位时间产生热量的多少及散热条件的好坏。

3. 影响切削温度的主要因素

1）工件材料

工件材料是通过其强度、硬度和热导率等性能的不同而影响切削温度的。例如：切削强度和硬度较高、热导率低的材料，消耗的功率大，产生的热量较多，切削温度就越高。

2）切削用量的影响

切削用量 v_c、f、a_p 增大，切削温度升高，其中切削速度 v_c 的影响最大，进给量 f 次之，切削深度 a_p 影响最小。因为当切削用量 v_c、f 和 a_p 增大时，变形和摩擦加剧，切削功率增大，所以切削温度升高。但 a_p 增大后，主切削刃参加切削的长度以相同比例增加，显著改善了散热条件。f 增大，切屑与前刀面接触长度增加，散热条件有所改善。v_c 增高，虽然使切削力稍有减小，但切屑与前刀面接触长度变短，散热条件较差。

3）刀具角度影响

前角 λ_o 影响切削变形和摩擦，对切削温度的影响较明显。例如前角增大，变形和摩擦减小，产生的热量少，切削温度下降。但前角过大，由于楔角减小，使刀具散热条件变差，切削温度反而略为上升。

加大主偏角 κ_r，在相同的切削深度下，主切削刃参加切削的长度 L_c 缩短，但切削热相对集中，且由于刀尖角 ε_r 减小，使散热条件变差，切削温度将升高，如图 2-17 所示。

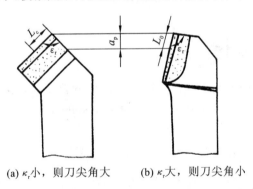

(a) κ_r小，则刀尖角大　　(b) κ_r大，则刀尖角小

图 2-17　主偏角对主切削刃工作长度和刀尖的影响

4）其他因素的影响

充分地使用切削液可使切削温度降低。

4. 切削温度对加工的影响

切削温度对加工有两重性，一方面它会带来下列一些不利的影响。

（1）切削温度的升高会加速刀具磨损，降低刀具寿命。

（2）刀具或工件在受热后，会发生膨胀变形，影响加工精度，这个问题在加工有色金属或细长工件时更为突出。

（3）工件表面与刀具后刀面接触的瞬间，温度可上升到几百度，但与后刀面脱离接触后温度又急剧下降，这一过程虽然较短暂，但会使工件表面产生有害的残余张应力。在严重情况下，会造成工件表面烧伤和退火现象。

另一方面，切削温度对切削加工也有有利的一面。首先，它会使工件材料软化，易于切削,这对加工一些硬度较高但高温强度并不高的材料是很有利的。对一些性质较脆而耐热性好的刀具材料(如硬质合金、陶瓷材料等),适当的高温能改善材料的韧性,减少崩刃现象。此外,较高的切削温度也不利于积屑瘤的生成,可减轻刀具的黏结磨损,改善工件表面质量。

四、刀具的磨损和磨钝标准

1. 刀具磨损方式

刀具磨损形式可分为三种,即前刀面磨损、后刀面磨损、前后刀面同时磨损,如图 2-18 所示。

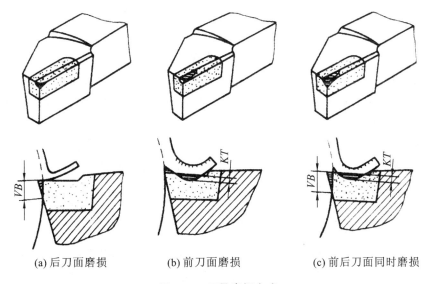

(a) 后刀面磨损　　　　(b) 前刀面磨损　　　　(c) 前后刀面同时磨损

图 2-18　刀具磨损方式

1) 前刀面磨损

磨损的部位主要发生在前刀面上。当切削速度较高、切削厚度较大及加工塑性金属时,切屑会在前刀面上刃口后方磨出一个月牙洼,当月牙洼逐渐加深加宽,接近刃口时,会因切削刃强度降低而使刃口突然崩坏。

2) 后刀面磨损

磨损的部位主要发生在后刀面。这种磨损一般发生在切削脆性金属或以较小的切削深度($a_p < 0.1$ mm)切削塑性金属的条件下。此时前刀面上的机械摩擦较小,温度较低,而后刀面与加工表面之间存在着强烈的磨损。在后刀面上与切削刃毗邻的地方很快磨出后角 $\alpha_o \le 0$ 的棱面,其磨损值用 VB 表示。

3) 前、后刀面同时磨损

指前刀面的月牙洼和后刀面的棱面同时发生磨损。在切削塑性金属时,单纯的前刀面磨损是很少发生的,一般都是前后刀面同时磨损。

2. 刀具磨损过程

刀具磨损过程一般可分为三个阶段,如图 2-19 所示。

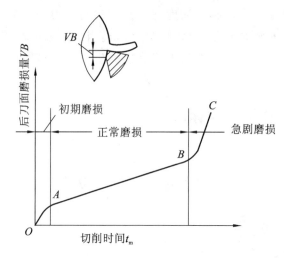

图 2-19　刀具磨损过程曲线

通常说的刀具磨损主要指后刀面的磨损,因为大多数情况下后刀面都有磨损,它的 VB 大小对加工精度和表面粗糙度影响较大,而且测量较方便,故目前一般都用后刀面上的磨损量来反映刀具磨损的程度。

1)初期磨损阶段(OA 段)

新刃磨后的刀具,其后刀面与加工表面间的实际接触面积很小,压力很大,故磨损快。此外新刃磨后的刀具由于表面不够光洁,故表层组织不耐磨,也加速了磨损。所以开始切削时,刀具后刀面磨损较快,其曲线较陡峭。

2)正常磨损阶段(AB 段)

经过初期磨损,后刀面上被磨出一条狭窄的棱面,压强减小,故磨损速度较以前缓慢,且比较稳定,这是刀具正常工作的阶段。磨损值随时间的增加而逐渐增加,其曲线较平坦,上升缓慢。

3)急剧磨损阶段(BC 段)

当刀具的磨损量增大到某一数值后,若不重磨,刀具会显著变钝,刀具与工件的摩擦急剧变化,切削阻力和切削温度急剧上升,还伴随振动和异常声响等现象发生,这时刀具已失去了切削能力。使用刀具时,应避免刀具在这个阶段下工作,要及时换刀,否则不仅不能保证加工质量,而且还会使刀具材料消耗太多,很不经济。

3. 刀具的磨钝标准

刀具磨损后将影响切削阻力、切削温度和加工质量,所以刀具不可能无休止地使用下去,必须根据加工情况,规定一个最大的允许磨损值,这就是刀具的磨钝标准。一般刀的后刀面上都有磨损,它对加工精度和切削阻力的影响比前刀面磨损时更显著,同时后刀面磨损值 VB 比较容易测量,所以目前常以 VB 确定刀具的磨钝标准。如用硬质合金车刀粗车碳钢时,$VB=0.6\sim0.8$ mm;粗车铸铁时,$VB=0.8\sim1.2$ mm;精车时,$VB=0.1\sim0.3$ mm。

4. 刀具寿命

实际生产中不可能经常测量刀具的磨损量,但可以根据后刀面磨损量和切削时间的关系,用切削时间来表达磨钝标准。

刃磨后的刀具从开始切削到磨损量达到磨钝标准为止的切削时间称为刀具寿命,以 T 表示。刀具寿命指的是纯切削的时间,即刀具在两次重磨之间的纯切削时间的总和。

在一定的切削条件下,并不是刀具的寿命越长越好;若片面追求刀具寿命而减小切削用量,势必会降低生产效率,增加加工成本;反之,若刀具寿命太短,则说明切削用量选得太大,刀具磨损速度加快,增加了刀具材料消耗和换刀、磨刀、装刀等辅助时间,同样也会影响生产效率,增加生产成本。

◀ 项目 4　测量外圆常用量具 ▶

一、游标卡尺

游标卡尺是车工应用最多的通用量具。其测量精度有 0.02 mm 和 0.05 mm 两个等级。游标卡尺的式样较多,现以常用的游标卡尺(见图 2-20)为例来说明它的结构。

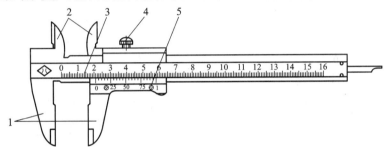

(a) 两用游标卡尺

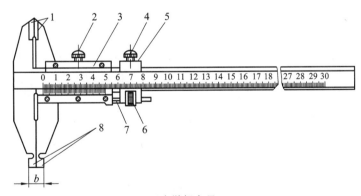

(b) 双向游标卡尺

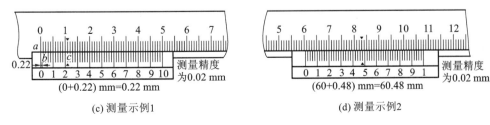

(c) 测量示例1　　(0+0.22) mm=0.22 mm　　测量精度为0.02 mm

(d) 测量示例2　　(60+0.48) mm=60.48 mm　　测量精度为0.02 mm

图 2-20　游标卡尺结构及测量示例

（1）游标卡尺的结构及使用方法

两用游标卡尺主要由尺身 3 和游标 5 组成，如图 2-20(a)所示。旋松固定游标用的螺钉 4 即可移动游标调节内外量爪开档大小进行测量。下量爪 1 用来测量工件的外径（见图 2-21(a)）和长度（见图 2-21(b)），内量爪 2 可以测量孔径或槽宽及孔距（见图 2-21(d)、(e)），深度尺 6 可用来测量工件的深度和阶台的长度（见图 2-21(c)）。

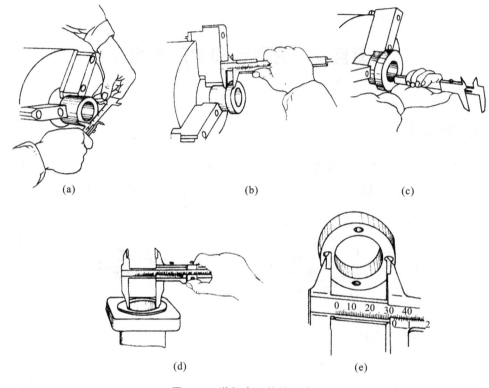

(a)   (b)   (c)

(d)   (e)

图 2-21　游标卡尺的使用方法

双面游标卡尺的结构如图 2-20(b)所示。与两用游标卡尺相比，在其游标 3 上增加了微调装置 5。拧紧固定微调装置的螺钉 4，松开螺钉 2，用手指转动螺母 6，通过小螺杆 7 即可微调游标。上量爪 1 用以测量外沟槽的直径或工件的孔距，内、外量爪 8 用来测量工件的外径和孔径。测量孔径时，游标尺的读数值必须加内、外量爪的厚度 b（通常 $b=10$ mm）。

测量前先检查并校对零位。测量时移动游标并使量爪与工件被测表面保持良好接触，取得尺寸后，最好把螺钉 4 旋紧后再读数，以防尺寸变动，使得读数不准。用两用游标卡尺测量内尺寸时，将两爪插入所测部位（见图 2-21(d)），这时尺身 3 不动；将游标 5 做适当调整，使测量面与工件轻轻接触，切不可预先调好尺寸硬去卡工件；并且测量力要适当，测量力太大会造成尺框倾斜，产生测量误差，测量力太小，卡尺与工件接触不良，使测量尺寸不准确。

（2）游标卡尺识读

读数前应明确所用游标卡尺的测量精度。读数时先读出游标零线左边在尺身上的整数毫米值；接着在游标卡尺上找到与尺身刻线对齐的刻线，在游标 5 的刻度尺上读出小数毫米值；然后再将上面两项读数加起来，即为被测表面的实际尺寸。

【例 2-1】 如图 2-20(c)所示的读数值为:(0+0.22) mm=0.22 mm。

【例 2-2】 如图 2-20(d)所示的读数值为:(60+0.48) mm=60.48 mm。

如选用如图 2-21(d)所示的游标卡尺测量内径时,其所测结果应加上游标卡尺下量爪的两脚尺寸 b。

二、千分尺

千分尺是生产中最常用的一种精密量具,它的测量精度为 0.01 mm。

千分尺的种类很多,按用途可分为外径千分尺、内径千分尺、深度千分尺、内测千分尺、螺纹千分尺和壁厚千分尺等。

由于测微螺杆的长度受到制造上的限制,其移动量通常为 25 mm,所以千分尺的测量范围分别为 0~25、25~50、50~75、75~100……每隔 25 mm 为一挡规格。

(1) 千分尺的结构

外径千分尺的外形和结构如图 2-22 所示,由尺架、固定量杆、测微螺杆、锁紧装置和测力装置等组成。

(2) 千分尺的读数方法

千分尺以测微螺杆 3 的运动对零件进行测量,螺杆的螺距为 0.5 mm,当微分筒 6 转一周时,螺杆移动 0.5 mm,固定套筒刻线每格为 0.5 mm,微分筒斜圆锥面周围共刻 50 格,当微分筒转一格,测微螺杆就移动(0.5÷50) mm=0.01 mm。

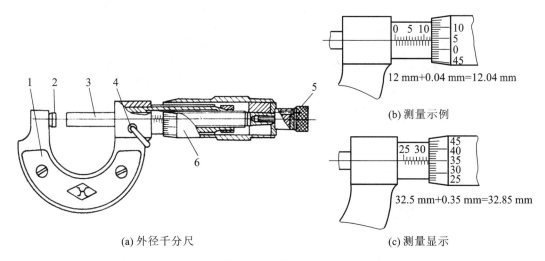

12 mm+0.04 mm=12.04 mm

(b) 测量示例

32.5 mm+0.35 mm=32.85 mm

(c) 测量显示

(a) 外径千分尺

图 2-22　外径千分尺

1—尺架;2—固定量杆;3—测微螺杆;4—锁紧装置;5—测力装置;6—微分筒

读数步骤如下。

① 读出微分筒左面固定套筒上露出的刻线整数及半毫米值。

② 找出微分筒上哪条刻线与固定套筒上的轴向基准线对准,读出尺寸的毫米小数值。

③ 把固定套筒上读出的毫米整数值与微分筒上读出的毫米小数值相加,即为测得的实际尺寸。

【例 2-3】 如图 2-22(b)所示的读数值为:12 mm+0.04 mm=12.04 mm。

【例 2-4】 如图 2-22(c)所示的读数值为:32.5 mm+0.35 mm=32.85 mm。

④ 用千分尺测量工件尺寸之前,应检查千分尺的"零位",即检查微分筒上的零线和固定套筒上的零线基准是否对齐(见图 2-23),测量中要考虑到零位不准的示值误差,并加以校正。

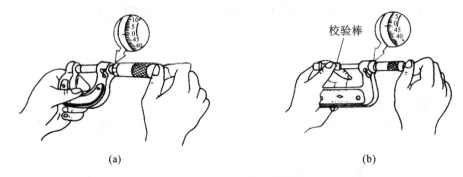

校验棒

(a)   (b)

图 2-23 千分尺的零位检查

(3) 千分尺的测量方法

用千分尺测量工件时,千分尺可单手握(见图 2-24(a))、双手握(见图 2-24(c)、(d))或将千分尺固定在尺架上(见图 2-24(b)),测量误差可控制在 0.01 mm 范围之内。

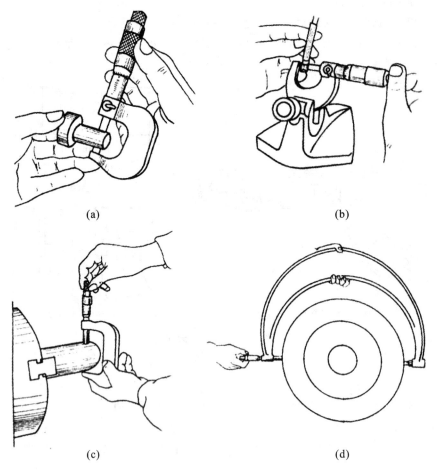

(a)   (b)

(c)   (d)

图 2-24 千分尺的使用方法

三、百分表

测量工件时常常使用百分表。百分表是一种指示式量仪,其刻度值为 0.01 mm,刻度值为 0.001 mm 或 0.002 mm 的则称为千分表。百分表主要用于测量工件的形状和位置精度,测量内孔及找正工件在机床上的安装位置。

常用的百分表有钟表式(见图 2-25(a))和杠杆式(见图 2-25(b))两种。钟表式百分表的工作原理是将测杆的直线位移经齿轮、齿条机构放大,转变成指针的摆动。杠杆式百分表利用杠杆齿轮放大原理制成,其球面测杆可根据测量需要转动测头位置。百分表在使用前,应通过转动罩壳,使长指针对准"0"位。钟表式百分表在测量时,其测量杆必须垂直于被测量表面。

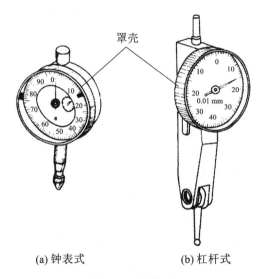

(a) 钟表式　　　　　　(b) 杠杆式

图 2-25　百分表

◀ 项目 5　切削外圆柱面 ▶

将工件安装在卡盘上做旋转运动,车刀安装在刀架上使之接触工件并做相对纵向进给运动,便可车出外圆。

1. 车外圆的步骤

(1)检查毛坯的表面质量和加工余量。

(2)在毛坯外圆面上进行长度刻线,选择车削端面的切削用量。

① 刀检端面,端面车平即可;

② 摇动大、中滑板手轮,使车刀靠近到距离工件端面 3～5 mm 处;

③ 摇动大滑板手轮做进刀运动,找准一整数刻度线并对齐,只能逆时针转动,消除爬行现象,否则有间隙;

④ 移动小滑板,其他手轮不动作,使刀尖接触工件端面产生微量切屑,进行端面对刀,使其作为长度方向的起点零位;

⑤ 中滑板退刀，退离工件外圆 2～3 mm 处，其他手轮不动作；

⑥ 移动大滑板至所需长度尺寸，观察大滑板刻度值，用中滑板进刀，使刀尖在工件外径上车出少量的切屑，形成长度刻线。

（3）粗车外圆，选择粗车外圆切削用量。

① 外圆对刀。

启动车床使工件旋转，左手摇动大滑板手轮，右手摇动中滑板手柄，使车刀刀尖靠近并轻轻地接触工件待加工表面，以此作为确定切削深度的零点位置。大滑板右移退刀，此时中滑板手柄不动，使车刀向右离开工件端面 3～5 mm。

② 毛坯光刀。

摇动中滑板手柄，使车刀横向进给，其进给量即为切削深度，约 2 mm。关键是使中滑板刻度对齐一整数刻度，以便下次进刀时的计算，然后采用机动进给车削至长度刻线。大滑板退刀，中、小滑板不动作，以免继续车削时再次进行对刀。

③ 计算余量。

停车测量工件实际外径尺寸，根据图样尺寸计算所剩加工余量，同时根据使用刀具的实际吃刀量，计算出粗车的刀数。

④ 粗车外圆。

根据计算结果采用机动走刀粗车外圆，其间无须停车测量，但要注意在粗车的最后一次走刀时，必须进行试切和试测，以保证所剩适当的精车余量。

（4）精车外圆，选择精车外圆切削用量。

① 采用外径千分尺精确测量出实际尺寸，据此确定精车进刀量。

② 采用试切削、试测量，其目的是控制切削深度，保证工件的加工尺寸。车刀进刀后做纵向移动 2 mm 左右时，纵向快退，停车测量。如尺寸符合要求，就可继续切削，如尺寸还大，可加大切削深度，若尺寸过小，则应减小切削深度，此时要注意消除中滑板空行程间隙。

③ 通过试切削调节好切削深度便可正常精车外圆。此时，可选择机动或手动纵向进给，当车削到所需部位时，退出车刀，停车，复检。

（5）确定精车长度。

方法同车外圆长度刻线对刀法，充分利用大滑板的刻度盘进行，须特别注意大滑板刻度线起始零位和终点的对齐状态。

2. 外圆的测量

测量外径时，精度要求一般时常选用游标卡尺，精度要求较高时则选用千分尺。

3. 刻度盘的原理及应用

车削工件时，为了准确和迅速地掌握切削深度，通常用中滑板或小滑板上的刻度盘作为进刀的参考依据。

中滑板的刻度盘装在横向进给丝杠端头上，当摇动横向进给丝杠一圈时，刻度盘也随之转一圈，这时固定在中滑板上的螺母就带动中滑板、刀架及车刀一起移动一个螺距。如果中滑板丝杠螺距为 5 mm，刻度盘分为 100 格，当手柄摇转一周时，中滑板就移动 5 mm，当刻度盘每转过一格时，中滑板移动量则为 0.05 mm。

小滑板的刻度盘可以用来控制车刀短距离的纵向移动，其刻度原理与中滑板的刻度盘相同。

转动中滑板丝杠时,由于丝杠与螺母之间的配合存在间隙,滑板会产生空行程,即丝杠带动刻度盘已转动,而滑板并未立即移动。所以使用刻度盘时要反向转动适当角度,消除配合间隙,然后再慢慢转动刻度盘到所需的格数,如图 2-26(a)所示,如果多转动了几格,绝不能简单地退回,如图 2-26(b)所示,而必须向相反方向退回全部空行程,再转到所需要的刻度位置,如图 2-26(c)所示。

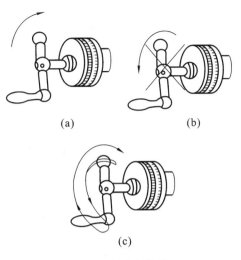

图 2-26 刻度盘的原理

由于工件是旋转的,用中滑板刻度盘指示的切削深度实现横向进刀后,直径上被切除的金属层是切削深度的 2 倍。因此,当已知工件外圆还剩余加工余量时,中滑板刻度控制的切削深度不能超过此时加工余量的 1/2,而小滑板刻度盘的刻度值,则直接表示工件长度方向的切除量。

4. 车削外圆具体操作

车削外圆时,若余量较大,则可分三个阶段。

(1)粗加工:尽快地切去多余的金属层并留精加工余量,不要求粗糙度。

(2)精加工:控制外圆尺寸精度,降低粗糙度值,提高光洁度。

(3)控制外圆尺寸:采用公式切削控制尺寸精度。

具体步骤如下:开动机床,摇动大中滑板使刀进入外圆表面,摇动中滑板,使刀尖轻轻接触外圆表面,在外圆表面上划出一道微痕为基准,以中滑板刻度盘刻度作零计算,记住刻度盘刻度数值;中滑板不动,摇动大滑板,使刀尖离开工件端面 2～3 mm,再摇动中滑板;根据你所需要进给的刻度数值,使大滑板在距端面长度 2～3 mm 处即可停车;测量已加工面,看是否是需要的数值,如大小有偏差,再试切削直到是所需要的数值为准,然后再进行切削。

◀ 项目 6 切削阶台轴 ▶

车阶台时,不仅要车削外圆,而且要车削环形端面。因此,车削时既要保证外圆及阶台面长度尺寸,又要保证阶台面与工件轴线的垂直度要求。

车阶台时,通常选用 90°外圆车刀。车刀的安装应根据粗、精车和余量的多少来调整。粗车时为了增加切削深度,减少刀尖的压力,车刀安装时主偏角可小于 90°,一般为 85°～90°。精车时为了保证阶台面和轴线的垂直度要求,应取主偏角大于 90°,一般为 93°左右。

车削阶台工件,一般分粗、精车。

粗车时,先用 90°车刀刀尖按长度在外圆刻线,阶台长度和外径都要留一定的精车余量,一般为 0.5 mm 左右。

精车时,先车出阶台长度,利用大滑板刻度移动车刀刀尖至尺寸要求,由外向里慢慢精车,以确保阶台面对轴线的垂直度,然后再进行精车外径。

车削低阶台时,由于相邻两直径相差不大,可选 90°车刀,按如图 2-27(a)所示的进给方式车削。

车削高阶台时,由于相邻两直径相差较大,可选 90° 车刀,按主偏角约为 93° 要求安装,按如图 2-27(b)所示进给方式分多次进给。

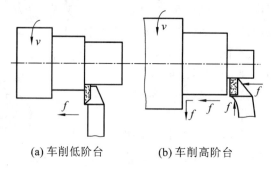

(a) 车削低阶台   (b) 车削高阶台

图 2-27　阶台的车削方法

车削阶台时,准确掌握阶台长度的关键是按图样选择正确的测量基准。若基准选择不当,将造成累积误差,尤其是多阶台的工件,从而产生废品。

1. 控制阶台长度尺寸的方法

(1)刻线法。先用钢直尺或样板量出阶台的长度尺寸,用车刀刀尖在阶台的所在位置处车出细线,然后再车削。

(2)用挡铁控制阶台长度。在成批生产阶台轴时,为了准确迅速地掌握阶台长度,可用挡铁来控制。

(3)用床鞍纵向进给刻度盘控制阶台长度。CA6140 型车床床鞍进给刻度盘一格等于 1 mm,据此,可根据阶台长度计算出床鞍进给时刻度盘手柄应转动的格数。

(4)切削阶台轴。切削余量可分为粗加工、半精加工、精加工。

粗加工的概念:尽快地切除多余的金属层,并留有精加工余量,不要求粗糙度。

精加工概念:控制外圆尺寸精度达到图样精度要求,降低粗糙度值。

2. 切削阶台轴的步骤

1)对刀

启动车床,使工件回转。左手摇动床鞍手轮,右手摇动中滑板手柄,使车刀刀尖趋近并轻轻接触工件,以此作为确定背吃刀量的零点位置,然后反向摇动床鞍手轮(此时中滑板手柄不动),使车刀向右离开工件 3～5 mm,如图 2-28 所示。

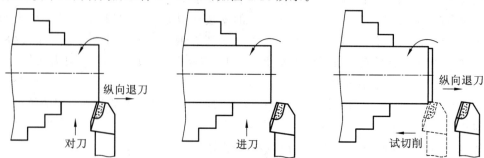

图 2-28　切削阶台轴对刀的步骤

2）进刀

摇动中滑板手柄,使车刀横向进给,进给的量即为背吃刀量,其大小通过中滑板上的刻度盘进行控制和调整。

3）试切削

试切削的目的是控制背吃刀量,保证工件的加工尺寸。车刀在进刀后,纵向进给切削工件 2 mm 左右时,纵向快速退出车刀,停机测量;根据测量结果,相应调整背吃刀量,直至试切测量结果为(50±0.1) mm 时为止。

4）粗车外圆 ϕ50 mm×25 mm

① 工件掉头,毛坯伸出三爪自定心卡盘约 35 mm,找正后夹紧。量取总长度,车去多余材料(长度方向的余量),车端面并保证总长 175 mm,钻中心孔。

② 一夹一顶装夹,即夹 ϕ50 mm×25 mm 外圆,后顶尖支顶。粗车外圆至 ϕ41 mm× 48.5 mm。具体操作步骤如下。

a. 选取进给量 f=0.3 mm/r,车床主轴转速调整为 500 r/min。

b. 粗车整段外圆 ϕ51 mm(除夹紧处 50 mm 外),$a_{\rm p}$=2 mm,如图 2-29 所示。

5）粗车左端外圆 ϕ41 mm×49.5 mm

可分两次车削,每次背吃刀量为 2.5 mm。如果工艺系统刚度许可,也可一次车至尺寸。但是,也要先进行试车削,经测量无误后再车外圆至直径尺寸 ϕ41 mm±0.1 mm,长度则控制在 49.5 mm±0.1 mm,如图 2-30 所示。

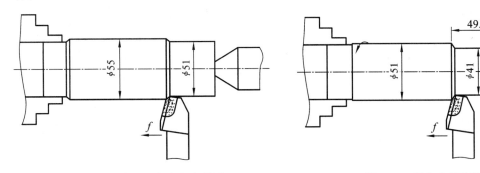

图 2-29 一夹一顶装夹粗车外圆   图 2-30 粗车左端外圆

① 工件掉头,用三爪自定心卡盘装夹 ϕ41 mm 外圆,装夹长度为 35 mm,然后车端面。

② 用三爪自定心卡盘夹 ϕ41 mm 外圆,一夹一顶装夹工件,粗车右端外圆至 ϕ39 mm× 89.5 mm,同样要经过对刀—进刀—试切—测量,再将工件车至尺寸要求,直径控制在 ϕ39 mm±0.1 mm,长度尺寸控制在 89.5 mm±0.1 mm,如图 2-31 所示。

3. 粗车时轴类工件的装夹

车削时,工件必须在车床夹具中定位并夹紧,工件装夹得是否正确可靠,将直接影响加工质量和生产效率,应十分重视。

粗车阶台轴时,可采用以下几种装夹方法如下。

1）用三爪自定心卡盘装夹

(1) 装夹特点。三爪自定心卡盘装夹工件方便、省时,但夹紧力较小,适用于装夹外形规则的中小型工件。

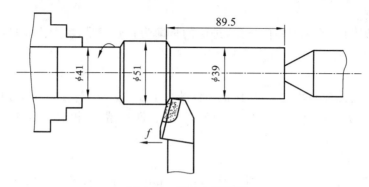

图 2-31　粗车右端外圆

（2）轴类工件的找正方法。由于三爪自定心卡盘的三个卡爪是同步运动的，能自动定心，工件装夹后一般不需找正。但是，利用三爪自定心卡盘装夹较长的轴类工件时，工件离卡盘较远处的旋转轴线不一定与车床主轴的旋转轴线重合，这时就必须找正。当三爪自定心卡盘由于使用时间较长而导致精度下降，且工件的加工精度要求较高时，也需要对工件进行找正。找正的要求是使工件的回转中心与车床主轴的旋转轴线重合。在粗加工阶段可用目测或用划针找正工件毛坯表面。

2）一夹一顶装夹

装夹时将工件的一端用三爪自定心卡盘 2 夹紧，而另一端用后顶尖 4 支顶的装夹方法称为一夹一顶装夹，如图 2-32 所示。为了防止由于进给切削力的作用而使工件发生轴向位移，可以在主轴前端锥孔内安装一个限位支撑 1（见图 2-32（a）），也可利用工件的阶台进行限位（见图 2-32（b））。用这种方法装夹较安全可靠，能承受较大的进给力，因此应用很广泛。

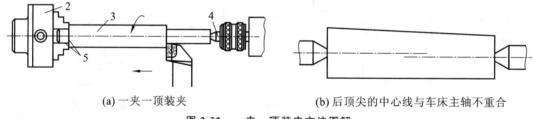

（a）一夹一顶装夹　　　　　　　　　　（b）后顶尖的中心线与车床主轴不重合

图 2-32　一夹一顶装夹方法图解

一夹一顶装夹的注意事项如下：

（1）后顶尖的中心线应与车床主轴轴线重合，否则车出的工件会产生锥度，如图 2-33 所示。

（2）在不影响车刀切削的前提下，尾座套筒应尽量伸出得短些，以增加刚度，减少振动。

（3）中心孔的形状应正确，表面粗糙度要小。装入顶尖前，应清除中心孔内的切屑或异物。

（4）当后顶尖用固定顶尖时，由于中心孔与顶尖间为滑动摩擦，故应在中心孔内加入润滑脂，以防温度过高而"烧坏"顶尖或中心孔。

（5）顶尖与中心孔的配合必须松紧合适。如果后顶尖顶得太紧，细长工件会弯曲变形。对于固定顶尖，会增加摩擦；对于回转顶尖，容易损坏顶尖内的滚动轴承。如果后顶尖顶得太松，工件则不能准确地定心，对加工精度有一定影响；并且车削时易产生振动，甚至会使工件飞出而发生事故。

下面介绍关于顶尖的选择与工件锥度的调整的相关内容。

1）顶尖

顶尖的作用是定中心,承受工件的质量和切削力。顶尖分为前顶尖和后顶尖两类。

（1）前顶尖。

前顶尖随同工件一起旋转,与中心孔无相对运动,不发生摩擦。前顶尖的类型有两种,如图 2-33 所示,一种是插入主轴推孔内的前顶尖,如图 2-33（a）所示,另一种是夹在卡盘上的前顶尖,如图 2-33（b）所示。这种顶尖在卡盘上拆下后,当需要再用时必须将锥面重新修整,以保证顶尖锥面的轴线与车床主轴旋转中心重合。其优点是制造安装方便,定心准确,缺点是顶尖硬度不高,容易磨损,车削过程中容易抖动,只适合于小批量生产。

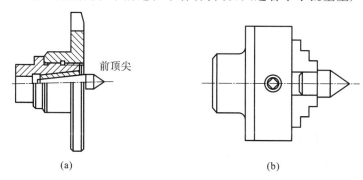

图 2-33　前顶尖

（2）后顶尖。

插入尾座套筒锥孔中的顶尖叫后顶尖。

后顶尖有固定顶尖和回转顶尖两种。固定顶尖的结构如图 2-34（a）所示,其特点是刚度大,定心准确;但顶尖与工件中心孔间为滑动摩擦,容易产生过多热量而将中心孔或顶尖"烧坏",尤其是普通固定顶尖（见图 2-34（b））更容易出现这类问题。因此,固定顶尖只适用于低速加工精度要求较高的工件。目前,多使用镶硬质合金的固定顶尖（见图 2-34（c））。

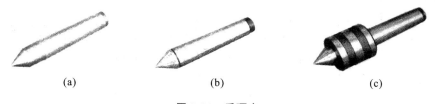

图 2-34　后顶尖

回转顶尖可使顶尖与中心孔之间的滑动摩擦变成顶尖内部轴承的滚动摩擦,故能在很高的转速下正常工作,克服了固定顶尖的缺点,因此应用非常广泛。但是,由于回转顶尖存在一定的装配累积误差,且滚动轴承磨损后会使顶尖产生径向圆跳动,从而降低了定心精度。

2）工件锥度的调整

车削轴类工件时,一般应在粗加工阶段校正好车床的锥度,以保证工件形状精度的要求。

校正前应先车削整段外圆至一定尺寸,测量两端直径,通过调整尾座的横向偏移量来校正工件的锥度。

调整的方法如下。

（1）如果车出工件右端直径大,左端直径小,尾座应向操作者方向移动;若车出工件右端直径小,左端直径大,尾座移动方向则相反,如图 2-35 所示。

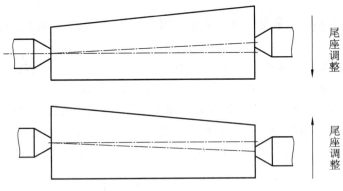

图 2-35　尾座的调整

（2）为节省锥度的调整时间，也可先将工件中间车凹，如图 2-36 所示（车凹部分外径不能小于图样要求）。然后车削两端外圆，测量找正即可。

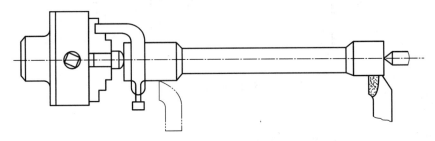

图 2-36　车削两端找正工件

4. 精车阶台轴

1）检查半成品

检查半成品的尺寸余量、形状精度是否达到要求。

2）两项尖装夹

夹 ϕ39 mm 外圆处，调整车床主轴转速为 710 r/min，启动车床，使工件回转。

（1）将 90°车刀调整至工作位置，精车外圆 ϕ50 mm；表面粗糙度 Ra 值达到 3.2 μm，如图 2-37 所示。

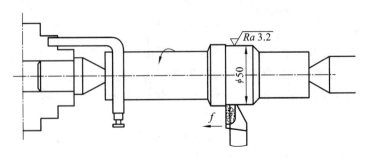

图 2-37　调整 90°车刀至工作位置

（2）精车左端外圆至 ϕ40 mm，长 50 mm；表面粗糙度 Ra 值达到 3.2 μm。在机动进给至接近阶台处时，改以手动进给替代机动进给。当车至阶台面时，变纵向进给为横向进给，摇动中滑板手柄由里往外慢慢精车阶台轴平面，以确保其对轴线的垂直度，并且阶台面与圆柱面相交处要清角(清根),如图 2-38 所示。

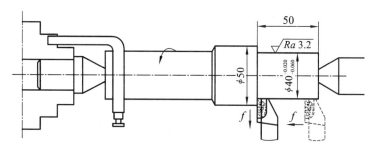

图 2-38　阶台面与圆柱面相交处要清角

　　调整 45°车刀至工作位置,倒角 C1.5 mm,如图 2-39 所示。检查尺寸及形状精度是否达到要求。

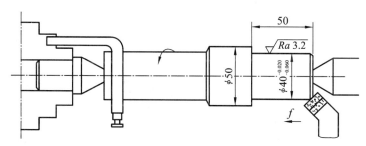

图 2-39　调整 45°车刀至工作位置并倒角

　　3)工件掉头,两顶尖装夹

　　精车右端外圆至 φ38 mm,长 89.5 mm,表面粗糙度 Ra 值达 1.6 μm,如图 2-40 所示,检查尺寸及形状精度是否达到图样要求。

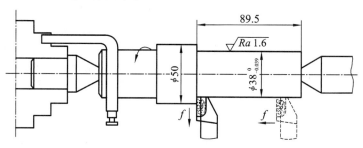

图 2-40　两顶尖装夹

　　用 45°车刀倒角 C1.5 mm,如图 2-41 所示。检查直径及长度尺寸。

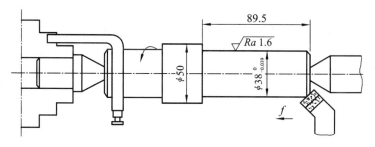

图 2-41　用 45°车刀倒角以检查直径及长度尺寸

◀ 项目7 中 心 孔 ▶

1. 钻中心孔的方法

中心孔是轴类工件的精定位基准,对工件的加工质量影响较大。因此,所钻出的中心孔必须圆整、光洁、角度正确。而且轴两端中心孔轴线必须同轴,对精度要求较高的轴在热处理后和精加工前均应对中心孔进行修研。

2. 中心孔的形状和作用

国家标准 GB/T 145—1985 规定中心孔有四种,即 A 型(不带护锥)、B 型(带护锥)、C 型(带螺纹孔)和 R 型(带弧型),如表 2-1 所示。

表 2-1　中心孔的尺寸　　　　　　　　　　　　　　　　　　　mm

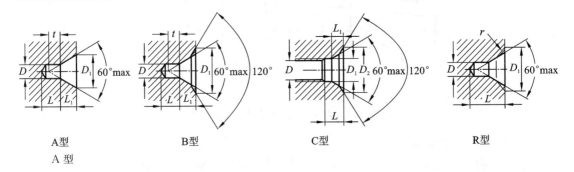

| A型 | B型 | C型 | R型 |

A 型

D	D_1	参考		D	D_1	参考	
		$L_1^{①}$	t			L_1	t
(0.50)[②]	1.06	0.48	0.5	2.50	5.30	2.42	2.2
(0.63)	1.32	0.60	0.6	3.15	6.70	3.07	2.8
(0.80)	1.70	0.78	0.7	4.00	8.50	3.90	3.5
1.00	2.12	0.97	0.9	(5.00)	10.50	4.85	4.4
(1.25)	2.65	1.21	1.1	6.30	13.20	5.98	5.5
1.60	3.35	1.52	1.4	(8.00)	17.00	7.79	7.0

C 型

D	D_1	D_2	L	参考	D	D_1	D_2	L	参考
				L_1					L_1
M_8	8.4	13.2	6.0	3.3	M_{16}	17.0	25.3	12.0	5.2
M_{10}	10.5	16.3	7.5	3.8	M_{20}	21.0	31.3	15.0	6.4
M_{12}	13.0	19.8	9.5	4.4	M_{24}	25.0	38.0	18.0	8.0

R 型

D	D_1	l_{min}	r		D	D_1	l_{min}	r	
			max	min				max	min
1.00	2.12	2.3	3.15	2.50	4.00	8.50	8.9	12.50	10.00
(1.25)	2.65	2.8	4.00	3.15	(5.00)	10.60	11.2	16.00	12.50
1.60	3.35	3.5	5.00	4.00	6.30	13.20	14.0	20.00	16.00
2.00	4.25	4.4	6.30	5.00	(8.00)	17.00	17.9	25.00	20.00
2.50	5.30	5.5	8.00	6.30	10.00	21.20	22.5	31.50	25.00
3.15	6.70	7.0	10.00	8.00					

注:括号内的尺寸尽量不采用。

（1）A 型中心孔由圆柱部分和圆锥部分组成,圆锥孔的圆锥角为 60°,与顶尖锥面配合,因此锥面表面质量要求较高。一般适用于不需要多次装夹或不保留中心孔的工件。

（2）B 型中心孔是在 A 型中心孔的端部多一个 120°的圆锥面,目的是保护 60°锥面,不让其拉毛碰伤,一般应用于多次装夹的工件。

（3）C 型中心孔外端形似 B 型中心孔,里端有一个比圆柱孔还要小的内螺纹,它可以将其他零件轴向固定在轴上,或将零件吊挂放置。

（4）R 型中心孔是将 A 型中心孔的圆锥母线改为圆弧线,以减少中心孔与顶尖的接触面积,减少摩擦力,提高定位精度。

这四种中心孔的圆柱部分作用是,储存油脂,避免顶尖触及工件,使顶尖与此圆锥面配合贴紧。

中心孔的尺寸以圆柱孔直径 D 为基本尺寸,它是选取中心钻的依据。直径在 6.3 mm 以下的中心孔常用高速钢制成的中心钻直接钻出。

(a) 钻夹头　　　　　　　(b) 中心钻安装　　　　　　(c) 过渡套(钻冒)

图 2-42　用钻夹头安装中心钻

◀ 项目 8　切 削 外 槽 ▶

1. 外沟槽的车削方法

车槽刀安装时应垂直于工件中心线,以保证车削质量。

（1）车削精度不高的和宽度较窄的沟槽时，可用刀宽等于槽宽的车槽刀，采用一次直进法车出，如图 2-43（a）所示。

（2）车削精度要求高的沟槽时，一般采用多次直进法车出，如图 2-43（b）所示。即第一次车槽时，槽壁两侧留精车余量，然后根据槽深、槽宽进行精车。

（3）车削较宽的沟槽时，可用多次直进法切割，如图 2-43（c）所示，并在槽壁两侧留一定精车余量，然后根据槽深、槽宽进行精车。

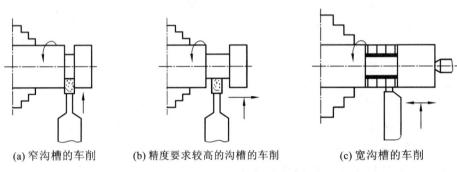

(a) 窄沟槽的车削   (b) 精度要求较高的沟槽的车削   (c) 宽沟槽的车削

图 2-43 直沟槽的车削

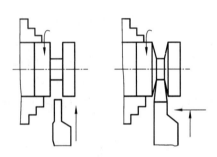

图 2-44 车较宽梯形槽的方法

（4）车削较小的圆弧槽时，一般以成形刀一次车出，较大的圆弧槽可用双手联动车削，以样板检查修整。

（5）车削较小的梯形槽时，一般以成形刀一次完成，较大的梯形槽通常先切割直槽，然后用梯形刀直进法或左右切削法完成（见图 2-44）。

2. 斜沟槽的车削方法

斜沟槽的车削如图 2-44 所示。

（1）车削 45° 外沟槽时，可用 45° 外沟槽专用车刀。车削时将小滑板转过 45°，用小滑板进给车削成形。

（2）车圆弧沟槽时，把车刀的刀体磨成相应的圆弧刀刃，并直接车削成形。

（3）车削外圆端面沟槽时，刀头形状和沟槽形状相似，采取横向控制槽深、纵向控制深度的方法来完成。上述斜沟槽车刀刀尖处的副后刀面上应磨成相应的圆弧。

3. 沟槽的检查和测量

（1）精度要求低的沟槽可用钢直尺测量。

（2）精度要求高的沟槽通常用千分尺、样板和游标卡尺测量。

模块 3   切削内孔基本知识

◀ **知识目标**

（1）知道麻花钻的组成部分。

（2）知道麻花钻的顶角度数。

（3）知道通孔车刀和盲孔车刀的区别。

（4）知道粗车和精车的要求。

（5）掌握车轴类零件的几种安装方法。

（6）知道低阶台和高阶台的车削有什么不同。

◀ **技能目标**

（1）学会刃磨麻花钻。

（2）学会控制内径的尺寸精度方法。

（3）如何防止切断刀折断。

（4）学会钻中心孔。

◀ 项目1 麻 花 钻 ▶

1. 组成

（1）柄部　用于夹持钻头切削时可传递转矩柄部分为直柄和锥柄。

（2）颈部　较大的颈部用来标注钻头直径商标牌号。

（3）工作部分　由切削部分和导向部分组成,起切削和导向作用。

2. 工作部分的几何形状

（1）螺旋槽　构成切削刃排屑通入切削液。

（2）螺旋角(β)　标准麻花钻的螺旋角为 18°~30° 之间,靠近外缘处的螺旋角最大,靠近钻头中心处最小。

（3）前刀面　指切削部分的螺旋槽面,切屑由此面排出。

（4）主后刀面　指钻头的螺旋圆锥面,与工件过渡表面相对。

（5）主切削刃　前刀面与主后刀面的交线,麻花钻有两个主切削刃。

（6）顶角($2\kappa_r$)　两主切削刃之间的夹角,$2\kappa_r = 118°$,两主切削刃为直线;$2\kappa_r > 118°$,两主切削刃为凹曲线,定心差,主切削刃短;$2\kappa_r < 118°$,两主切削刃为凸曲线,定心好,主切削刃长。

麻花钻是从实体材料上加工出孔的刀具,又是孔加工刀具中应用最广的刀具之一。

3. 基本知识

麻花钻是通过其相对固定轴线的旋转切削以钻削工件的圆孔的工具,因其容屑槽成螺旋状而形似麻花而得名。螺旋槽有 2 槽、3 槽或更多槽,但以 2 槽最为常见。麻花钻可被夹持在手动、电动的手麻花钻持式钻孔工具或钻床、铣床、车床上使用。

如图 3-1 所示部分一起组成标准麻花钻。麻花钻由柄部、颈部和工作部分组成。

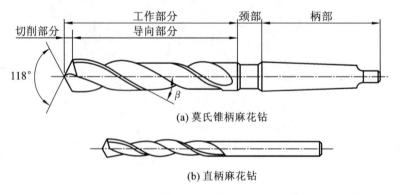

(a) 莫氏锥柄麻花钻

(b) 直柄麻花钻

图 3-1　麻花钻

4. 基本角度

麻花钻的基本角度与外形如图 3-2 所示。

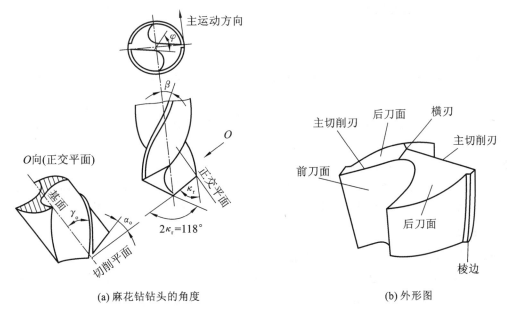

(a) 麻花钻钻头的角度　　　　　　　　(b) 外形图

图 3-2　麻花钻的基本角度与外形

（1）螺旋角 β　螺旋角是钻头螺旋槽上最外圆的螺旋线展开成直线后与钻头轴线的夹角。由于螺旋槽上各点的导程相同,因而钻头不同直径处的螺旋角是不同的,外径处螺旋角最大,越接近中心螺旋角越小。增大螺旋角则前角增大,有利于排屑,但钻头刚度下降。标准麻花钻的螺旋角为 $18°\sim38°$。对于直径较小的钻头,螺旋角应取较小值,以保证钻头的刚度。

（2）前角 γ_o　由于麻花钻的前刀面是螺旋面,主切削刃上各点的前角是不同的。从外圆到中心,前角逐渐减小。刀尖处前角约为 $30°$,靠近横刃处则为 $-30°$左右。横刃上的前角为 $-50°\sim-60°$。

（3）后角 α_o　麻花钻主切削刃上选定点的后角是通过该点柱剖面中的进给后角 α_o来表示的。柱剖面是过主切削刃选定点作与钻头轴线平行的直线,该直线绕钻头轴心旋转所形成的圆柱面。α_o沿主切削刃也是变化的,越接近中心则 α_o越大。麻花钻外圆处的后角 α_o,通常取 $8°\sim10°$,横刃处后角取 $20°\sim25°$。这样能弥补由于钻头轴向进给运动而使主切削刃上各点实际工作后角减小所产生的影响,并能与前角变化相适应。

（4）主偏角 κ_r　主偏角是主切削刃选定点的切线在基面投影与进给方向的夹角。麻花钻的基面是过主切削刃选定点包含钻头轴线的平面。由于钻头主切削刃不通过轴心线,故主切削刃上各点基面不同,各点的主偏角也不同。当顶角磨出后,各点主偏角也随之确定。主偏角和顶角是两个不同的概念。

（5）锋角 2φ　锋角是两主切削刃分别在与其平行的平面上的投影的夹角。较小的锋角容易切入工件,轴向抗力较小,且使切削刃工作长度增加,切削层公称厚度减小,有利于散热和提高刀具耐用度;若锋角过小,则钻头强度减弱,变形增加,扭矩增大,钻头易折断。因此,应根据工件材料的强度和硬度来刃磨合理的锋角,标准麻花钻的锋角 2φ 为 $118°$。

（6）横刃斜角 ψ　横刃斜角是主切削刃与横刃在垂直于钻头轴线的平面上的投影的夹角。当麻花钻后刀面磨出后,ψ 自然形成。由图 3-2 可知,横刃斜角 ψ 增大,则横刃长度和轴向抗力减小。标准麻花钻的横刃斜角为 50°~55°。

5. 加工影响

（1）麻花钻的直径受孔径的限制，螺旋槽使钻芯更细，钻头刚度低；仅有两条棱带导向，孔的轴线容易偏斜；横刃使定心困难，轴向抗力增大，钻头容易摆动。因此，钻出孔的形位误差较大。

（2）麻花钻的前刀面和后刀面都是曲面，沿主切削刃各点的前角、后角各不相同，横刃的前角达−55°，切削条件很差；切削速度沿切削刃的分配不合理，强度最低的刀尖切削速度最大，所以磨损严重，因此加工的孔精度低。

（3）钻头主切削刃全刃参加切削，刃上各点的切削速度又不相等，容易形成螺旋形切屑，排屑困难。因此切屑与孔壁挤压摩擦，常常划伤孔壁，加工后的表面粗糙度很低。

6. 缺点

麻花钻的几何形状虽比扁钻合理，但尚存在着以下缺点：

（1）标准麻花钻主切削刃上各点处的前角数值内外相差太大。钻头外缘处主切削刃的前角约为＋30°；而接近钻心处，前角约为−30°，近钻心处前角过小，造成切屑变形大，切削阻力大；而近外缘处前角过大，在加工硬材料时，切削刃强度常显不足。

（2）横刃过长，横刃的前角是很大的负值，达−54°~−60°，从而将产生很大的轴向力。

（3）与其他类型的切削刀具相比，标准麻花钻的主切削刃很长，不利于分屑与断屑。

（4）刃带处副切削刃的副后角为零值，造成副后刀面与孔壁间的摩擦加大，切削温度上升，钻头外缘转角处磨损较大，已加工表面粗糙度恶化。

以上缺陷常使麻花钻磨损快，严重影响着钻孔效率与已加工表面质量的提高。

◀ 项目 2　钻　　孔 ▶

一、钻孔和扩孔的方法

1. 钻头的选用与装夹

选用麻花钻时，长度应合理。过长刚性差，过短排屑不顺利，不易把孔钻穿。装夹直柄麻花钻用钻夹头装夹，锥柄麻花钻用过渡套装夹。

2. 钻孔时切削用量的选择

（1）背吃刀量 $a_p = D/2$：钻孔时的背吃刀量为钻头直径的 1/2。

（2）进给量 f：工件转一圈，钻头沿轴向移动的距离。钻钢料时，$f = 0.14 \sim 0.35$ mm/r；钻铸铁时，$f = 0.15 \sim 0.40$ mm/r。

（3）切削速度 $v_c = n\pi D/1000$：麻花钻主切削刃外缘处的线速度。钻钢料时，$v_c = 15 \sim 30$ m/min；钻铸铁时，$v_c = 75 \sim 90$ m/min。

3. 钻孔的方法

（1）车平工件端面，有利于钻头定心。

（2）找正尾座，使钻头中心对准工件旋转中心，防止将孔钻大、钻偏或钻头折断。

（3）为防止小钻头跳动，可先钻出定位中心孔（或用挡铁支撑）。

（4）30 mm 以上的孔径，可先用小钻头进行钻、扩孔（第一只钻头的直径一般为第二只的 0.5～0.7）。

（5）新磨钻头一般应进行试钻，防止将孔钻大。

（6）通孔与不通孔钻削时方法略有区别，钻不通孔时要用尾座套筒控制深度（或先用麻花钻钻孔，后用平头钻扩孔）。

二、钻孔要领

（1）进给要慢　钻头接触工件，动作应该缓慢；以免遭受冲击，造成钻头折断。

（2）清屑退钻　钻深孔排屑难，为清屑常退钻。

（3）孔通时控制进刀　孔将通应牢记，横刃出减抗力；手柄轻易摇快，进刀大钻头坏。

（4）防止卡死　要堵屑快退钻，以免钻头卡里面。

（5）脆料免加　钻脆料要牢记，钻时不加切削液。

三、扩孔

钻孔时如孔径较小，可一次钻出；如孔径大，麻花钻直径也大，横刃长，进给抗力大，钻削时很费力，甚至出现钻削困难的情况，这时可用两个钻头进行钻孔和扩孔。用扩孔刀具扩大孔径的方法称为扩孔。

1. 常用的扩孔刀具

麻花钻用于一般精度的工件扩孔，扩孔钻用于精度要求高的工件半精加工。

2. 扩孔的方法

（1）用麻花钻扩孔，需修小外缘处的前角，否则，容易使钻头打滑或"卡死"，必须减小进给量。

（2）用扩孔钻扩孔，由于扩孔钻的齿数一般有 3～4 个，导向性较好，切削平稳，可避免横刃的不利影响，刚性较好，可选择较大的切削用量，生产效率高，质量好，尺寸精度可达 IT10～IT11，表面粗糙度值达 $Ra6.3～Ra12.5$，可用于孔的半精加工。

◀ 项目 3　车削内孔练习 ▶

一、工艺知识

1. 内孔车刀的安装

内孔车刀安装的正确与否，直接影响到车削情况及孔的精度，所以在安装时一定要注意。

（1）刀尖应与工件中心等高或稍高。如果装得低于中心，由于切削抗力的作用，容易将

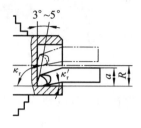

图 3-3　盲车孔的安装

刀柄压低而产生扎刀现象,并会造成孔径扩大。

（2）刀柄伸出刀架不宜过长,一般比被加工孔长 5～6 mm。

（3）刀柄基本平行于工件轴线,否则在车削到一定深度时刀柄后半部容易碰到工件孔口。

（4）盲孔车刀装夹时,内偏刀的主刀刃应与孔底平面成 3°～5° 角,并且在车平面时要求横向有足够的退刀余地,如图 3-3 所示。

2. 工件的安装

车孔时,工件一般采用三爪自定心卡盘安装,对于较大和较重的工件可采用四爪单动卡盘安装。加工直径较大、长度较短的工件,如盘类工件等,必须找正外圆和端面。一般情况下先找正端面再找正外圆,如此反复几次,直至达到要求为止。

3. 车孔的关键技术

车孔的关键技术是解决内孔车刀的刚性和排屑问题。增加内孔车刀的刚性可采取以下措施:

1) 尽量增加刀柄的截面积

通常内孔车刀的刀尖位于刀柄的上面,这样刀桶的截面积较小,还不到孔截面积的 1/4,如图 3-4(b)所示。使内孔车刀的刀尖位于刀桶的中心线上,那么刀柄在孔中的截面积可大大增加,如图 3-4(a)所示。

2) 尽可能缩短刀柄的伸出长度

缩短刀柄的伸出长度可增加车刀刀柄刚性,减小切屑过程中的振动,如图 3-4(c)所示。此外还可将刀桶上下两个平面做成互相平行的,这样就能很方便地根据孔深调节刀柄伸出的长度。

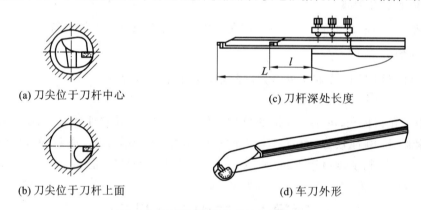

(a) 刀尖位于刀杆中心　　　　　　(c) 刀杆深处长度

(b) 刀尖位于刀杆上面　　　　　　(d) 车刀外形

图 3-4　可调节刀柄长度的内孔车刀

3) 解决排屑问题

主要是控制切屑流出方向,精车孔时要求切屑流向待加工表面(前排屑)。为此,采用正刃倾角的内孔车刀。加工盲刀时,应采用负的刀倾角,使切屑从孔口排出,如图 3-5 所示。

4. 车孔方法

1) 车直孔

(1) 直通孔的车削基本上与车外圆相同,只是进刀和退刀的方向相反。在粗车或精车时也要进行试切削,其横向进给量为径向余量的 1/2。当车刀纵向切削至 2 mm 左右时,纵

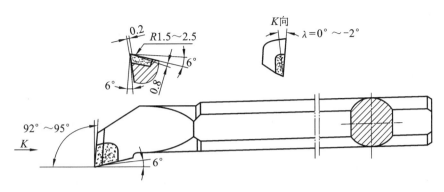

图 3-5 后排屑不通孔车刀

向快速追刀,横向不动,然后停车测试,若孔的尺寸不到位,则需微量横向进刀后再次测试。直至符合要求,方可车出整个内孔表面。

(2)车孔时的切削用量要比车外圆时适当减小些,特别是车小孔或深孔时,其切削用量应更小。

2)车阶台孔

(1)车直径较小的阶台孔时,由于观察困难而不宜掌握尺寸精度,所以常先粗、精车小孔,再粗、精车大孔。

(2)车直径较大的阶台孔时,先粗车大孔和小孔,再精车小孔和大孔。

(3)车削孔径尺寸相差较大的阶台孔时,最好采用主偏角 $\kappa_r < 90°$,一般为 $85° \sim 88°$ 的车刀,先粗车,然后再用内偏刀精车,直接用内偏刀车削时切削深度不可太大,否则刀刃易损坏。其原因是刀尖处于刀刃的最前端,切削时刀尖先切入工件,因此其承受切削抗力最大,加上刀尖本身强度差,所以容易碎裂。由于刀柄伸长,在轴向抗力的作用下,切削深度大,容易产生振动和扎刀。

(4)控制车孔深度的方法通常利用床鞍刻线等,精车时需用小滑板刻度盘或游标深度尺等来控制车孔深度。

3)车盲孔(平底孔)

车盲孔时,其内孔车刀的刀尖必须与工件的旋转中心等高,否则不能将孔底车平。检验刀尖中心高的简便方法是车端面时进行对刀,若端面能车至中心,则盲孔底面也能车平。同时还必须保证盲孔车刀的刀尖至刀柄外侧的距离应小于内孔半径,否则切削时刀尖还未车至工件中心,刀柄外侧就已与孔壁上部相碰。

(1)粗车盲孔。

① 车端面,钻中心孔。

② 钻底孔。

可选择比孔径小 $0.5 \sim 2$ mm 的钻头先钻出底孔。其钻孔深度从钻头顶尖部分量起,并在钻头刻线做记号,或利用尾座套筒上的刻度来控制钻孔深度。

③ 长度对刀。

将盲孔车刀靠近工件端面,移动小滑板,使车刀刀尖与端面轻微接触,将小滑板或床鞍刻度调至零位。

④ 孔径对刀。

将车刀伸入孔口内，移动中滑板，刀尖进给至与孔口刚好接触时，车刀纵向退出，此时将中滑板刻度调至零位。

⑤ 粗车孔径。

用中滑板刻度指示控制切削深度，孔径留 0.3～0.5 mm 精车余量，若机动纵向进给车削平底孔时，要防止车刀与孔底面碰撞。因此，当床鞍刻度指示离孔底面还有 2～3 mm 距离时，应立即停止机动进给，改用手动继续进给。

如孔大而浅，一般车孔底面时能看清；若孔小而深，就很难观察到是否已车到孔底。此时通常要凭感觉来判断刀尖是否已切到孔底。若切削声音增大，表明刀尖已车到孔底。当中滑板横向进给车孔底面时，若切削声音消失，控制横向进给手柄的手已明显感觉到切削抗力突然减小，则表明孔底面已车出，应先将车刀横向退刀后再迅速纵向退出。

（2）精车盲孔。

精车盲孔时用试切的方法控制孔径尺寸。试切正确可采用与粗车类似的进给方法，使孔径、孔深都达到图样要求。

在用硬质合金车刀车孔时，一般不需要加切削液。车铝合金孔时，不应加切削液，因为水和铝容易起化学反应，会使加工表面产生小针孔。在精加工铝合金时，一般使用煤油可实现较好冷却。

车孔时，由于工作条件不利，加上刀柄刚性差，容易引起振动，因此它的切削用量应比车外圆时要低些。

5. 内孔的测量

测量孔径尺寸时，应根据工件的尺寸、数量及精度要求，采用相应的量具进行。一般采用游标卡尺、塞规和内径量表进行测量，前者主要用于尺寸精度较低的内孔，后两者主要用于尺寸精度较高的内孔。

1）塞规

在成批生产中，为了测量方便，常用塞规测量孔径。塞规由通端、止端和手柄组成。通端的尺寸等于孔的最小极限尺寸，止端的尺寸等于孔最大极限尺寸。为了明显区别通端与止端，塞规止端长度比通端长度要短一些。测量时，通端通过而止端不能通过，说明尺寸合格。测量盲孔的塞规应在外圆上沿轴向开有排气槽。使用塞规时，应尽可能使塞规与被测工件的温度一致，不要在工件还未冷却到室温时就去测量。测量内孔时，不可硬塞强行通过，一般靠塞规自身重力自由通过，测量时塞规轴线应与孔轴线一致，不可歪斜。

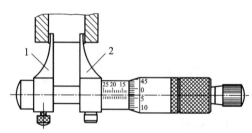

图 3-6 内侧千分尺及其使用
1—固定爪；2—活动爪

2）内径千分尺

用内径千分尺可测量孔径。内径千分尺由测微头和各种尺寸的接长杆组成。内径千分尺的读数方法和外径千分尺相同，但由于内径千分尺无测力装置，因此测量误差较大。

3）内测千分尺

内测千分尺是内径千分尺的一种特殊形式，使用方法如图3-6所示。这种千分尺的刻线方向与外径千分尺相反，当顺时针旋转微分筒时,活动爪向右移动,测量值增大,可用于测量 5～30 mm 的孔径,使用方法与使用游标卡尺的内外量爪测量内径尺寸的方法相同,分度值为 0.01 mm。由于结构设计方面的原因,其测量精度低于其他类型的千分尺。

4) 内径百分表

内径百分表(见图 3-7)是将百分表装夹在测架 1 上,触头 6 又称活动测量头,通过摆动块 7、杆 3,将测量值 1∶1 传递给百分表。测量头 5 可根据孔径大小更换。为了能使触头自动位于被测孔的直径位置,在其旁装有定心器 4。测量前,应使百分表对准零位。测量时,为得到准确的尺寸,活动测量头应在径向方向摆动并找出最大值,在轴向方向摆动找出最小值,这两个重合尺寸就是孔径的实际尺寸,如图 3-8 所示。内径百分表主要用于测量精度要求较高而且又较深的孔。

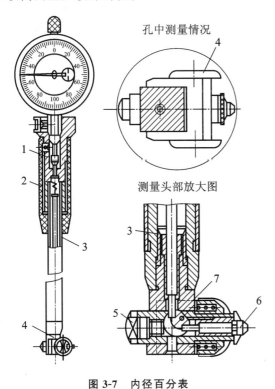

图 3-7　内径百分表

1—测架;2—弹簧;3—杆;4—定心器;5—测量头;
6—触头;7—摆动块

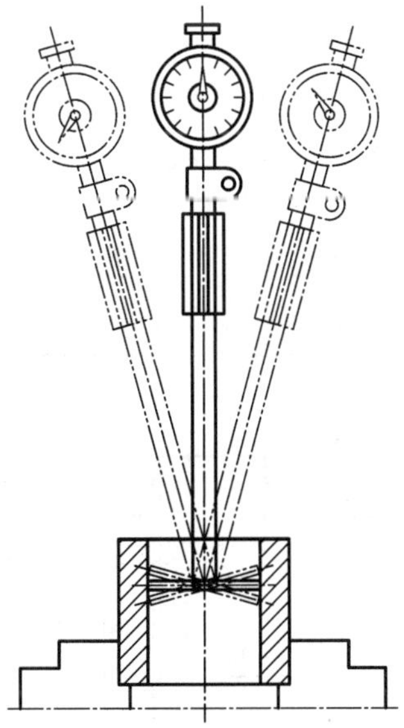

图 3-8　内径百分表的测量方法

二、技能训练

1. 车直孔练习

车直孔练习如图 3-9 所示,加工步骤如下:

(1) 夹持外圆找正;

(2) 车端面(车出即可);

(3) 钻孔 ϕ18 mm;

(4) 粗、精车孔径至尺寸要求,粗车时留精车余量 0～3 mm;

(5) 孔口倒角 1×45°,经检查后取下工件。

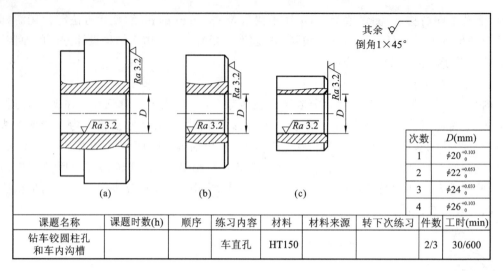

其余 √

倒角1×45°

次数	D(mm)
1	$\phi 20^{+0.103}_{0}$
2	$\phi 22^{+0.053}_{0}$
3	$\phi 24^{+0.033}_{0}$
4	$\phi 26^{+0.103}_{0}$

课题名称	课题时数(h)	顺序	练习内容	材料	材料来源	转下次练习	件数	工时(min)
钻车铰圆柱孔和车内沟槽			车直孔	HT150			2/3	30/600

图 3-9 车直孔练习

2. 车阶台孔练习

车阶台孔练习如图 3-10 所示,加工步骤如下:

(1)夹持外圆、找正、夹紧;

(2)车端面;

(3)两孔粗车成形,孔径留 0.5 mm 以内的余量,孔深基本车成;

(4)精车小孔和大孔及孔深至尺寸要求,并倒角 1×45°。

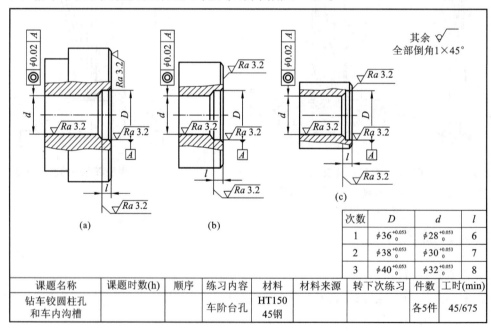

其余 √

全部倒角1×45°

次数	D	d	l
1	$\phi 36^{+0.053}_{0}$	$\phi 28^{+0.053}_{0}$	6
2	$\phi 38^{+0.053}_{0}$	$\phi 30^{+0.053}_{0}$	7
3	$\phi 40^{+0.053}_{0}$	$\phi 32^{+0.053}_{0}$	8

课题名称	课题时数(h)	顺序	练习内容	材料	材料来源	转下次练习	件数	工时(min)
钻车铰圆柱孔和车内沟槽			车阶台孔	HT150 45钢			各5件	45/675

图 3-10 车阶台孔练习

3. 车平底孔练习

车平底孔练习如图 3-11 所示,加工步骤如下:

（1）夹持外圆，找正、夹紧；

（2）车端面钻孔 $\phi30$ mm、深 23 mm（包括钻尖在内）；

（3）用平钻扩孔到 $\phi33.6$ mm，内孔留 0.4 mm 余量，孔深 23.5 mm；

（4）精车端面、内孔及底平面至尺寸要求；

（5）孔口倒角 $0.5\times45°$；

（6）检查合格后卸下工件。

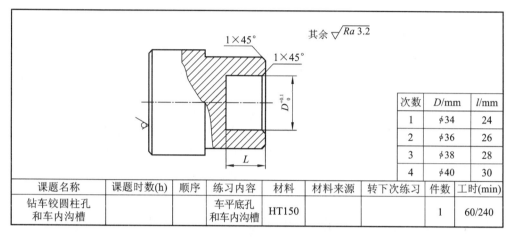

次数	D/mm	l/mm
1	$\phi34$	24
2	$\phi36$	26
3	$\phi38$	28
4	$\phi40$	30

课题名称	课题时数(h)	顺序	练习内容	材料	材料来源	转下次练习	件数	工时(min)
钻车铰圆柱孔和车内沟槽			车平底孔和车内沟槽	HT150			1	60/240

图 3-11　车平底孔练习

三、车孔废品分析

车孔时，可能产生的废品种类、产生的原因及预防方法如表 3-1 所示。

表 3-1　车孔时可能产生的废品种类、产生的原因及预防方法

废品种类	产 生 原 因	预 防 方 法
尺寸不对	1. 测量不正确 2. 车刀安装不对，刀柄与孔壁相碰 3. 产生积屑瘤，增加刀尖长度，使孔车大 4. 工件的热胀冷缩	1. 要仔细测量。用游标卡尺测量时，要调整好卡尺的松紧。控制好摆动位置，并进行试切 2. 选择合理的刀柄直径，最好在未开车前，先把车刀在孔内走一遍，检查是否会相碰 3. 研磨前面，使用切削液，增大前角，选择合理的切削速度 4. 最好使工件冷下后再精车，加切削液
内孔有锥度	1. 刀具磨损 2. 刀柄刚性差，产生"让刀"现象 3. 刀柄与孔壁相碰 4. 车头轴线歪斜 5. 床身不水平，使床身导轨与主轴轴线不平行 6. 床身导轨磨损。由于磨损不均匀，使走刀轨迹与工件轴线不平行	1. 提高刀具的耐用度，采用耐磨的硬质合金 2. 尽量采用大尺寸的刀柄。减小切削用量 3. 正确安装车刀 4. 测量机床精度，校正主轴轴线跟床身导轨的平行度 5. 校正机床水平 6. 大修车床

废品种类	产　生　原　因	预　防　方　法
内孔不圆	1. 孔壁薄,装夹时产生变形 2. 轴承间隙太大,主轴颈成椭圆 3. 工件加工余量和材料组织不均匀	1. 选择合理的装夹方法 2. 大修机床,并检查主轴的圆柱度 3. 增加半精镗,把不均匀的余量车去,使精车余量尽量减小和均匀。对工件毛坯进行回火处理
内孔不光	1. 车刀磨损 2. 车刀刃磨不良,表面粗糙度值大 3. 车刀几何角度不合理,装刀低于中心 4. 切削用量选择不当 5. 刀柄细长,产生振动	1. 重新刃磨车刀 2. 保证刀刃锋利,研磨车刀前后面 3. 合理选择刀具角度,精车装刀时可略高于工件中心 4. 适当降低切削速度,减小进给量 5. 加粗刀柄和降低切削速度

四、注意事项

(1) 车削内孔时要求孔底面平直,台阶处清角,在中心处留出规定的小凹坑。

(2) 孔径应防止出现喇叭口和空口试刀痕迹。

(3) 用内径百分表测量前,应首先检查整个测量装置是否正常,如固定测头有无松动,百分表是否灵活,指针转动后是否能复位,指针对准的"零位"是否走动等。

(4) 用内径百分表测量时,不能超过其弹性极限,强迫把测量端放进较小的孔内,在旁侧的压力下,容易损坏机件。

(5) 用内径百分表测量时,要注意百分表的读法。

① 长、短指针应结合观察,以防指针多转一圈。

② 短指针位置基本符合,长指针转动至"零位"线附近时,应防止搞错数值"+、-"。长指针过"零位"线则孔小,反之则孔大。

◀ 项目4　铰　　孔 ▶

1. 铰孔加工概述

钻孔是在实体材料中钻出一个孔,而铰孔是扩大一个已经存在的孔。铰孔和钻孔、扩孔一样都是由刀具本身的尺寸来保证被加工孔的尺寸的,但铰孔的质量要高得多。铰孔时,铰刀从工件孔壁上切除微量金属层,以提高其尺寸精度和减小其表面粗糙度,铰孔是孔的精加工方法之一,常用作直径不很大、硬度不太高的工件孔的精加工,也可用于磨孔或研孔前的预加工。机铰生产率高,劳动强度小,适宜于大批量生产。铰孔加工精度可达 IT9～IT7 级,表面粗糙度一般达 $Ra1.6～0.8\ \mu m$。这是由于铰孔所用的铰刀结构特殊,加工余量小,并用很低的切削速度工作。直径在 100 mm 以内的孔可以采用铰孔,孔径大于 100 mm 时,多用精镗代替铰孔。在镗床上铰孔时,孔的加工顺序一般为:钻孔—镗孔(或扩孔)—铰孔。对于直径小于 12 mm 的孔,由于孔小,镗孔非常困难,一般先用中心钻定位,然后钻孔、扩孔,最后铰孔,这样才能保证孔的直线度和同轴度。

一般来说,对于 IT8 级精度的孔,只要铰削一次就能达到要求;IT7 级精度的孔应铰两次,先用小于孔径 0.05～0.2 mm 的铰刀粗铰一次,再用符合孔径公差的铰刀精铰一次;IT6 级精度的孔则应铰削三次。

铰孔对于纠正孔的位置误差的能力很差,因此,孔的有关位置精度应由铰孔前的预加工工序予以保证,在铰削前孔的预加工,应先进行减少和消除位置误差。

如对于同轴度和位置公差有较高要求的孔,首先使用中心钻或点钻加工,然后钻孔,接着是粗镗,最后才由铰刀完成加工。

另外铰孔前,孔的表面粗糙度应小于 $Ra3.2~\mu m$。铰孔操作需要使用冷却液,以得到较好的表面质量并在加工中帮助排屑。切削中并不会产生大量的热,所以选用标准的冷却液即可。

2. 铰刀及选用

1）铰刀结构

在加工中心上铰孔时,多采用通用的标准机用铰刀。通用标准铰刀,有直柄、锥柄和套式三种。直柄铰刀直径为 $\phi 6$ mm～$\phi 20$ mm,小孔直柄铰刀直径为 $\phi 1$ mm～$\phi 6$ mm,锥柄铰刀直径为 $\phi 10$ mm～$\phi 32$ mm,套式铰刀直径为 $\phi 25$ mm～$\phi 80$ mm,通用标准铰刀分 H7、H8、H9 三种精度等级。

整体式铰刀工作部分包括切削部分与校准部分。铰刀刀头开始部分,称为刀头倒角或"引导锥",方便刀具进入一个没有倒角的孔。一些铰刀在刀头设计一段锥形切削刃,为刀具切削部分,承担主要的切削工作,其切削半锥角较小,一般为 $10°～15°$,因此,铰削时定心好,切屑薄。

校准部分的作用是校正孔径、修光孔壁和导向。校准部分包括圆柱部分和倒锥部分。圆柱部分保证铰刀直径和便于测量,刀体后半部分呈倒锥形可以减小铰刀与孔壁的摩擦。

2）铰刀直径尺寸的确定

铰孔的精度主要决定于铰刀的尺寸精度。由于新的标准圆柱铰刀,在直径上留有研磨余量,且其表面粗糙度也较差,所以在铰削 IT8 级精度以上孔时,应先将铰刀的直径研磨到所需的尺寸精度。由于铰孔后,孔径会扩张或缩小,目前对孔的扩张或缩小量尚无统一规定,一般铰刀的直径多采用经验数值:

铰刀直径的基本尺寸＝孔的基本尺寸;上偏差＝2/3 被加工孔的直径公差;下偏差＝1/3 被加工孔的直径公差。

例如,铰削 $\phi 20 H7^{+0.021}_{0}$ 的孔,则选用的铰刀直径计算方法如下:

$$铰刀基本尺寸＝\phi 20~mm$$
$$上偏差＝2/3×0.021~mm＝0.014~1~mm$$
$$下偏差＝1/3×0.021~mm＝0.007~mm$$

所以选用的铰刀直径尺寸为 $\phi 20+0.007$ mm。

3）铰刀齿数确定

铰刀是多刃刀具,铰刀齿数取决于孔径及加工精度,标准铰刀有 4～12 齿。齿数过多,刀具的制造刃磨较困难,在刀具直径一定时,刀齿的强度会降低,容屑空间小,由此造成切屑堵塞和划伤孔壁甚至蹦刃。齿数过少,则铰削时的稳定性差,刀齿的切削负荷增大,且容易产生几何形状误差。

铰刀的刀齿又分为直齿和螺旋齿两种，螺旋齿铰刀带有左旋的螺旋槽，这种设计适合于加工通孔，在切削过程中左旋螺旋槽"迫使"切屑往孔底移动并进入空区。不过它不适合盲孔加工。

4）铰刀材料确定

铰刀材料通常是高速钢、钴合金或带焊接硬质合金刀尖的硬质合金刀具。硬质合金铰刀耐磨性较好；高速钢铰刀较经济实用，耐磨性较差。

3. 铰削余量的选用

铰削余量是留作铰削加工的切深的大小。通常铰孔余量比扩孔或镗孔的余量要小，铰削余量太大会增大切削压力而损坏铰刀，导致加工表面粗糙度很差，余量过大时可采取粗铰和精铰分开以保证技术要求。另一方面，如果毛坯余量太小会使铰刀过早磨损，不能正常切削，也会使表面粗糙度差。一般铰削余量为 0.1～0.25 mm，对于较大直径的孔，余量不能大于 0.3 mm。有一种经验建议留出铰刀直径 1‰～3‰ 大小的厚度作为铰削余量（直径值），如 ϕ20 mm 的铰刀加 ϕ19.6 mm 左右的孔直径比较合适：[20－(20×2/100)] mm＝19.6 mm。对于硬材料和一些航空材料，铰孔余量通常取得更小。

◀ 项目 5 车 内 沟 槽 ▶

1. 内沟槽的种类和作用

内沟槽的截面形状有矩形（直槽）、圆弧形、梯形等几种，如图 3-12 所示。内沟槽在机器零件中起退刀、密封、定位、通气等作用。

2. 内沟槽车刀的结构和装夹

内沟槽车刀刀头部分形状和主要切削角度与矩形外沟槽车刀基本相似，只是装夹方向相反。内沟槽车刀有整体式和装夹式，如图 3-13 所示。整体式用于孔径较小，装夹式则用于孔径较大的工件。用装夹式内沟槽车刀应正确选择刀柄的直径，刀头伸出长度应大于槽深 1～2 mm，同时要保证刀头伸出长度加上刀柄直径应小于内孔直径，即 $D>d+a$。装夹时主切削刃应与内孔素线平行，否则会使槽底歪斜。

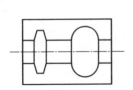
图 3-12 内沟槽截面形状

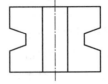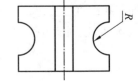
图 3-13 内沟槽车刀刀头部分形状

3. 车内沟槽的方法

车内沟槽的方法如图 3-14 所示。

1）车窄内沟槽

（1）确定车内沟槽的起始位置。摇动床鞍和中拖板，使沟槽车刀主切削刃轻轻与孔壁

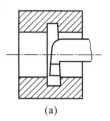 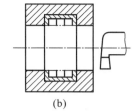 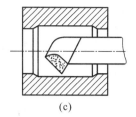

图 3-14　车内沟槽的方法

接触,将中拖板刻度调到零位。

(2)确定车内沟槽的终止位置。根据沟槽深度计算中拖板刻度的进给格数,并在终点刻度位置上记下刻度值。

(3)确定车内孔槽的退刀位置。主切削刃离开孔壁 0.2~0.3 mm,在刻度盘上做出退刀位置记号。

(4)控制沟槽的位置尺寸。移动床鞍和中拖板,使沟槽车刀主切削刃离工件端面 1~2 mm,移动小滑使主切削刃与工件端面轻轻接触,将床鞍刻度调整到零位。移动床鞍使车刀进入孔内,进入深度为沟槽轴向位置尺寸加上沟槽车刀的主切削刃宽度。

(5)开动机床,摇动中滑板手柄,当主切削刃与孔壁开始切削时,进给量不宜太快,0.1~0.2 mm/r,当刻度进给到槽深尺寸时,车刀不要马上退出,应稍作停留,这样可使槽底经过修整后变得比较平整光洁。横向进刀时要认准原定的退刀刻度位置,不能退得过多,否则刀柄会与孔壁相碰,造成内壁碰伤。

2)车宽内槽

先用通孔车刀车出凹槽,如图 3-14(c)所示,再用沟槽将两侧斜面车成直角,如图 3-14(a)所示。如沟槽很浅可直接用沟槽车刀纵向时给的方法将沟槽车出,如图 3-14(b)所示。

3)车端面槽

端面直槽车刀的几何形状与切断刀基本相同,不同的是车刀的一个副后刀面在车直槽外侧面时,会碰到圆弧形槽壁。在刃磨时应将端面直槽车刀左侧后刀面磨成圆弧形,如图 3-15 所示。安装端面直槽车刀时,注意让其主切削刃垂直于工件轴线,以保证直槽底面与工件轴线垂直。端面直槽的车削方法基本与车外圆矩形槽相似,槽宽大于主切削刃宽,粗车分几刀将槽车出,槽底和两侧面各留 0.5 mm 精车余量。精车时先车槽和一侧面,然后横向进给车槽底,最后车槽宽至尺寸并在槽的两侧倒去锐角。

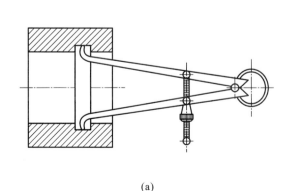 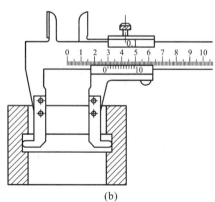

(a)　　　　　　　　　　　　　　(b)

图 3-15　车端面槽

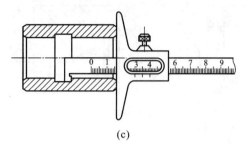
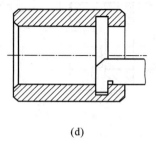

(c)

(d)

续图 3-15

模块 4
车削内外圆锥与偏心工件基本知识

◀ **知识目标**

(1) 知道圆锥的术语、定义和计算是什么。

(2) 知道车外圆锥的方法是什么。

(3) 知道圆锥锥度的检测方法是什么。

(4) 知道该如何分析外圆锥的质量。

(5) 知道如何计算小滑板的转动角度。

(6) 学会偏心工件的划线方法。

(7) 学会用三爪卡盘垫爪的计算方法。

(8) 学会用四爪单动卡盘车削偏心工件的方法。

◀ **技能目标**

(1) 学会正确对圆锥进行检测和使用量具检测角度。

(2) 应学会熟练地切削各种内外圆锥。

(3) 熟练掌握用三爪自定心卡盘和四爪单动卡盘加工偏心工件。

◀ 项目1 车削内外圆锥 ▶

在机床和一些工具的零件配合中,使用圆锥配合的场合较多,如车床主轴锥孔与顶尖的配合,车床尾座锥孔与麻花钻锥柄的配合等。常见的圆锥零件有圆锥齿轮、锥形轴、带锥孔的齿轮、锥形手柄等,如表 4-1 所示。

表 4-1　常见的圆锥面配合与圆锥工件

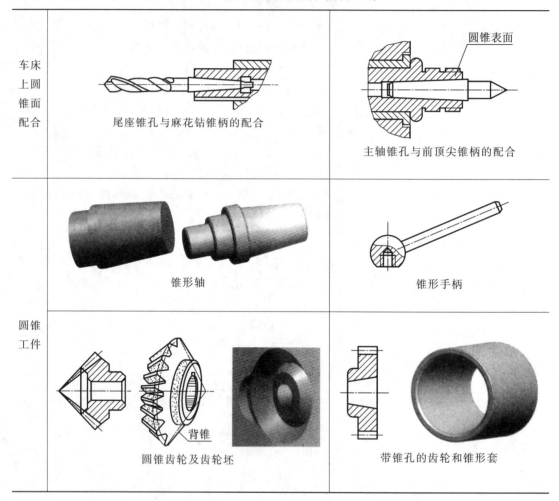

| 车床上圆锥面配合 | 尾座锥孔与麻花钻锥柄的配合 | 主轴锥孔与前顶尖锥柄的配合 |
| 圆锥工件 | 锥形轴　锥形手柄 | 圆锥齿轮及齿轮坯　带锥孔的齿轮和锥形套 |

在 CA6140 型车床上加工如图 4-1 所示的莫式锥柄,毛坯为一段 $\phi45$ mm×150 mm 的 45 钢棒料。

该莫式锥柄工件左边是一段圆柱体,圆柱表面的母线与轴心线平行;右边是一段圆锥体,圆锥表面的母线与轴心成一定的角度。圆锥面的形状和技术要求与圆柱面不一样,在车削圆锥时,要采用不同的措施和方法,按照工件图样要求,使车刀的移动轨迹与工件轴心线成一定的角度来进行。

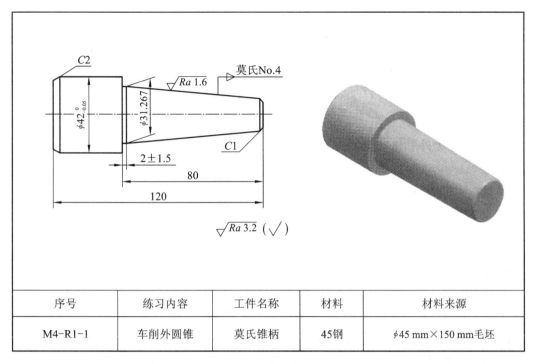

序号	练习内容	工件名称	材料	材料来源
M4-R1-1	车削外圆锥	莫氏锥柄	45钢	$\phi45$ mm×150 mm毛坯

图 4-1　莫式锥柄

1. 圆锥的各部分名称及尺寸计算

1）圆锥表面和圆锥

圆锥表面是由与轴线成一定角度且一端相交于轴线的一条直线段（母线）绕该轴线旋转一周所形成的表面，如图 4-2 所示。由圆锥表面和一定的轴向尺寸、径向尺寸所限定的几何体，称为圆锥。

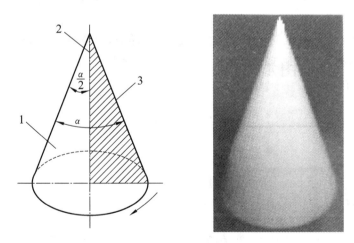

图 4-2　圆锥表面

1—圆锥表面；2—轴线；3—圆锥素线

圆锥又可以分为外圆锥和内圆锥两种，如图 4-3 所示。

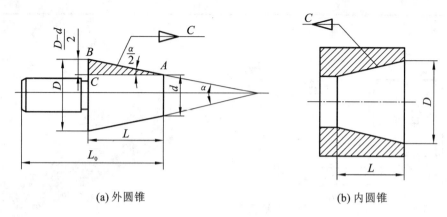

(a) 外圆锥   (b) 内圆锥

图 4-3 圆锥

2）圆锥的基本参数

圆锥的基本参数如图 4-2 所示。

① 圆锥半角 $\alpha/2$。圆锥角 α 是在通过圆锥轴线的截面内，两条素线间的夹角。在车削时经常用到的是圆锥角 α 的一半——圆锥半角 $\alpha/2$。

② 最大圆锥直径 D。简称大端直径。

③ 最小圆锥直径 d。简称小端直径。

④ 圆锥长度 L。最大圆锥直径与最小圆锥直径之间的轴向距离。

⑤ 锥度 C。圆锥大、小端直径之差与长度之比，即 $C=(D-d)/L$。

锥度 C 确定后，圆锥半角 $\alpha/2$ 也能计算出。因此，圆锥半角 $\alpha/2$ 与锥度 C 属于同一基本参数。

3）圆锥的各部分尺寸计算

由上可知，圆锥具有四个基本参数，只要已知其中任意三个参数，便可计算出另一个未知参数。

① 圆锥半角 $\alpha/2$ 与其他三个参数的关系。在图样上，一般常标注 D、d、L，而在车圆锥时，往往需要将小滑板由 0° 转到 $\alpha/2$ 角度，因此必须计算出圆锥半角 $\alpha/2$。

在图 4-3(a) 中，

$$\tan\frac{\alpha}{2}=\frac{BC}{AC}$$

$$BC=\frac{D-d}{2}$$

$$AC=L$$

即 $\tan\dfrac{\alpha}{2}=\dfrac{D-d}{2L}$。

② 其他三个参数与圆锥半角 $\alpha/2$ 的关系。D、d、L 与 $\alpha/2$ 的关系式如下：

$$D=d+2L\tan(\alpha/2)$$

$$d=D-2L\tan(\alpha/2)$$

$$L=\frac{D-d}{2\tan(\alpha/2)}$$

③ 近似计算圆锥半角。应用上述公式计算 $\alpha/2$，应查三角函数表，比较麻烦。

当圆锥半角 $\alpha/2 \leqslant 6°$ 时，可以用下列近似公式计算：

$$\alpha/2 \approx 28.7° \approx 28.7° \times C$$

采用近似公式计算圆锥半角 $\alpha/2$ 时，应注意：

圆锥半角应在 6° 以内。计算结果是"度"，度以后的小数部分是十进位的，而角度是 60 进位。应将含有小数部分的计算结果转化成度、分、秒。例如，2.25° 并不等于 $2°25'$，要用小数部分去乘 $60'$，即 $60' \times 0.25 = 15'$，所以 2.25° 应为 $2°15'$。

2. 标准工具的圆锥

为了制造和使用方便，降低生产成本，常用的工具、刀具上的圆锥都已标准化。即圆锥的各部分尺寸，都符合几个号码的规定；使用时，只要号码相同，则能互换。标准工具圆锥已在国际上通用，不论哪个国家生产的机床或者工具，只要符合标准都能达到互换要求。

常用的标准工具圆锥有下面两种：

1）莫氏圆锥

莫氏圆锥是机械制造业中应用最为广泛的一种，如车床主轴锥孔、顶尖、钻头柄、铰刀柄等都是莫氏圆锥。莫氏圆锥分为 0 号、1 号、2 号、3 号、4 号、5 号、6 号七种，最小号是 0 号，最大号是 6 号。莫氏圆锥号码不同，圆锥的尺寸和圆锥半角都不同，莫氏圆锥的锥度可由表 4-2 查出。

表 4-2 莫氏圆锥的锥度

号数	锥 度	圆锥角 α	圆锥半角 $\alpha/2$	$\tan(\alpha/2)$
0	$1:19.212 = 0.052\ 05$	$2°58'54''$	$1°29'27''$	0.026
1	$1:20.048 = 0.049\ 88$	$2°51'26''$	$1°25'43''$	0.024 9
2	$1:20.020 = 0.049\ 95$	$2°51'40''$	$1°25'50''$	0.025
3	$1:19.922 = 0.050\ 20$	$2°52'32''$	$1°26'16''$	0.025 1
4	$1:19.254 = 0.051\ 94$	$2°58'31''$	$1°29'16''$	0.026
5	$1:19.002 = 0.052\ 63$	$3°00'53''$	$1°30'27''$	0.026 3
6	$1:19.180 = 0.052\ 14$	$2°59'12''$	$1°29'36''$	0.026 1

2）米制圆锥

米制圆锥分为 4 号、6 号、80 号、100 号、120 号、140 号、160 号和 200 号八种。它们的号码表示的是大端直径，锥度固定不变，即 $C = 1:20$。米制圆锥的优点是锥度不变，记忆方便。

除了常用的标准工具圆锥外，还经常遇到各种专用标准圆锥，其锥度大小及应用场合如表 4-3 所示。

表 4-3　常用专用标准圆锥的锥度

锥度 C	圆锥角 α	圆锥半角 α/2	应 用 举 例
1:4	14°15′	7°7′30″	车床主轴法兰及轴头
1:5	11°25′16″	5°42′38″	易于拆卸的连接,砂轮主轴与砂轮法兰的结合,锥形摩擦离合器等
1:7	8°10′16″	4°5′8″	管件的开关塞、阀等
1:12	4°46′19″	2°23′9″	部分滚动轴承内环锥孔
1:15	3°49′6″	1°54′23″	主轴与齿轮的配合部分
1:16	3°34′47″	1°47′24″	圆锥管螺纹
1:20	2°51′51″	1°25′56″	米制工具圆锥,锥形主轴颈
1:30	1°54′35″	0°57′17″	锥柄的铰刀和扩孔钻与柄的配合
1:50	1°8′45″	0°34′23″	圆锥定位销及锥铰刀
7:24	16°35′39″	8°17′50″	铣床主轴孔及刀杆的锥体
7:64	6°15′38″	3°7′49″	刨齿机工件台的心轴孔

3. 车外圆锥的方法

因圆锥既有尺寸精度要求又有角度要求,因此,在车削中要同时保证尺寸精度和圆锥角度。一般先保证圆锥角度,然后精车控制其尺寸精度。车外圆锥的方法主要有转动小滑板法、偏移尾座法。

1)转动小滑板法

转动小滑板法是把小滑板按工件的圆锥半角 α/2 要求转动一个相应角度,使车刀的运动轨迹与所要加工的圆锥素线平行。转动小滑板法操作简便,调整范围广,主要适用于单件、小批量生产,特别适用于工件长度较短、圆锥角较大的圆锥面。

(1)转动小滑板法车外圆锥的方法。

① 装夹工件和车刀。

工件旋转中心必须与主轴旋转中心重合;车刀刀尖必须严格对准工件的旋转中心,否则车出的圆锥素线将不是直线,而是双曲线。

② 确定小滑板转动角度。

根据工件图样选择相应的公式计算出圆锥半角 α/2,圆锥半角 α/2 的大小即是小滑板应转动的角度。

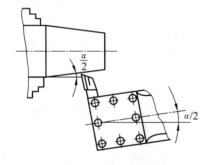

图 4-4　车削正外圆锥

③ 转动小滑板。

a. 用扳手将小滑板下面转盘上的两个螺母松开。

b. 按工件上外圆锥的倒、顺方向确定小滑板的转动方向:车削正外圆锥(又称顺锥),即圆锥大端靠近主轴、小端靠近尾座的方向,小滑板应逆时针转动,如图 4-4 所示;车削反外圆锥(又称倒锥),小滑板则应顺时针方向转动。

图样上标注的角度和小滑板应转过的角度如表 4-4 所示。

表 4-4　图样上标注的角度和小滑板应转过的角度

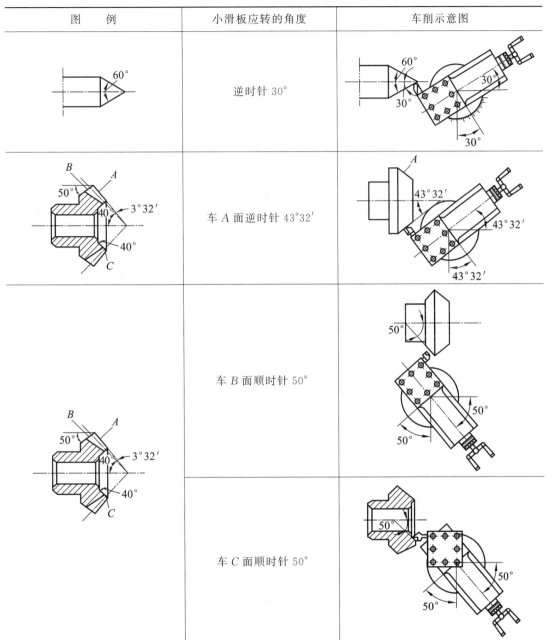

图　例	小滑板应转的角度	车削示意图
	逆时针 30°	
	车 A 面逆时针 43°32′	
	车 B 面顺时针 50°	
	车 C 面顺时针 50°	

　　c. 根据确定的转动角度(α/2)和转动方向转动小滑板至所需位置,使小滑板基准零线与圆锥半角(α/2)刻线对齐,然后锁紧转盘上的螺母。

　　d. 当圆锥半角(α/2)不是整数值时,其小数部分用目测的方法估计,大致对准后再通过试车削逐步找正。

　　转动小滑板时,可以使小滑板转角略大于圆锥半角 α/2,但不能小于 α/2。小滑板转动的角度值可以大于计算值 10′～20′,但不能小于计算值,角度偏小会使圆锥素线偏长而难以修正圆锥长度尺寸,如图 4-5 所示。

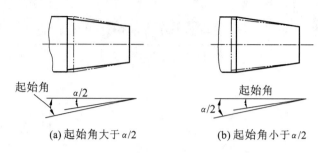

(a) 起始角大于 α/2   (b) 起始角小于 α/2

图 4-5 小滑板转动角度的影响

车削莫氏圆锥、标准角度和标准锥度的圆锥时,小滑板转动角度如表 4-5 所示。

表 4-5 车削莫氏圆锥、标准角度和标准锥度的圆锥时,小滑板转动角度

名 称		锥度	小滑板转动角度	名 称		锥度	小滑板转动角度
莫氏圆锥	0	1:19.212	1°29′27″	标准锥度	0°17′11″	1:200	0°8′36″
	1	1:20.017	1°25′43″		0°34′23″	1:100	0°17′11″
	2	1:20.020	1°25′50″		1°8′45″	1:50	0°34′23″
	3	1:19.922	1°26′16″		1°54′35″	1:30	0°57′17″
	4	1:19.254	1°29′15″		2°51′51″	1:20	1°25′56″
	5	1:19.002	1°30′26″		3°49′6″	1:15	1°54′33″
	6	1:19.180	1°29′36″		4°46′19″	1:12	2°23′9″
标准角度	30°	1:1.866	15°		5°43′29″	1:10	2°51′15″
	45°	1:1.207	22°30′		7°9′10″	1:8	3°34′35″
	60°	1:0.866	30°		8°10′16″	1:7	4°5′8″
	75°	1:0.625	37°30′		11°25′16″	1:5	5°42′38″
	90°	1:0.5	45°		18°55′29″	1:3	9°27′44″
	120°	1:0.289	60°		16°35′32″	7:24	8°17′46″

④ 粗车外圆锥。

外圆锥与车外圆柱一样,也要分粗、精车。通常先按圆锥大端直径和圆锥面长度车成圆柱体,然后再车圆锥面。车削前应调整好小滑板导轨与镶条间的配合间隙。如果调得过紧,手动进给时费力,移动不均匀;调得过松,造成小滑板间隙太大。两者均会使车出的圆锥面表面粗糙度值较高和工件素线不平直。另外,车削前还应根据工件圆锥面长度确定小滑板的行程长度。

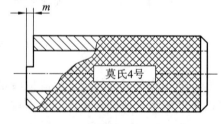

图 4-6 用圆锥套规找正圆锥角度

⑤ 找正圆锥角度。

将圆锥套规(见图 4-6)轻轻地套在工件上,用手捏住套规左右两端分别做上下摆动,如果一端有间隙,表明锥度不正确。大端有间隙,说明圆锥角太小;小端有间隙,说明圆锥角大了。此时,可以松开转盘螺母(须防止扳手碰撞转盘,引起角度变

化),按角度调整方向用铜棒轻轻地敲动小滑板,使小滑板做微小转动,然后锁紧转盘螺母。角度调整好后,按中滑板刻度调整背吃刀量后车外圆锥。再次用套规检测,若左右两端均不能摆动时,表明圆锥角度基本正确,可用涂色法做精确检查。根据擦痕情况判断圆锥角大小,确定小滑板应调整的方向和调整量,调整后再试车削,直到圆锥半角找正为止。然后粗车圆锥面,留 0.5~1 mm 精车余量。

如果待加工的工件已有样件或标准塞规,可以用百分表直接找正小滑板转动角度后加工,如图 4-7 所示。先将样件或塞规装夹在两顶尖之间,把小滑板转动一个所需的圆锥半角 $\alpha/2$;然后在刀架上安装一只百分表,并使百分表的测头垂直接触样件(必须对准样件中心)。若摆动为零,则锥度已找正,否则需继续调整小滑板转动角度,直至百分表指针摆动为零。

$$a_{\mathrm{p}} = a \times \tan \frac{\alpha}{2} \text{ 或 } a_p = \mathrm{a} \times \frac{C}{2}$$

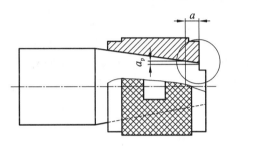
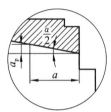

图 4-7 车外圆锥控制尺寸的方法

⑥ 精车外圆锥。

因锥度已经找正,精车外圆锥主要是提高工件的表面质量,控制圆锥尺寸精度。因此,精车外圆锥时,车刀必须锋利、耐磨,按精加工要求选择好切削用量。首先用钢直尺或游标卡尺测量出工件端面至套规过端界面的距离 a,再用计算法计算出背吃刀量 a_{p}。

然后移动中、小滑板,使刀尖轻触工件圆锥小端外圆表面后退出,小滑板按 a_{p} 值进刀,小滑板手动进给精车圆锥至尺寸,如图 4-8 所示。

此外,也可以利用移动床鞍法确定切削深度 a_{p},即根据量出长度 a(见图 4-9(a)),使车刀刀尖接触工件小端端面,移动小滑板,车刀沿轴向离开工件端面一个 a 值的距离(见图 4-9(b));然后移动

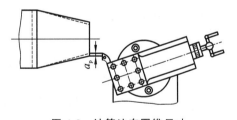

图 4-8 计算法车圆锥尺寸

床鞍使车刀同工件小端端面接触(见图 4-9(c)),此时虽然没有移动中滑板,但车刀已经切入了一个所需的深度。

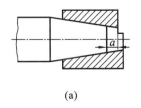
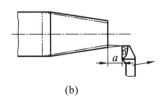
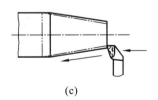

| (a) | (b) | (c) |

图 4-9 移动床鞍法控制锥体尺寸

(2) 转动小滑板法车外圆锥的特点。

① 因受小滑板行程限制,仅适用于加工圆锥半角较大、锥面不长的工件。

② 应用范围广,操作简便。

③ 同一个工件加工不同角度的圆锥时调整较方便。

④ 只能手动进给,劳动强度大,表面粗糙度较难控制。

注意事项:

a. 车刀必须对准工件旋转中心,避免产生双曲线(母线不直)误差。

b. 车圆锥体前对圆柱直径的要求,一般应按圆锥体大端直径放 1 mm 左右的余量。

c. 车刀刀刃要始终保持锋利,工件表面应一刀车出。

d. 应两手握小滑板手柄,均匀移动小滑板。

e. 粗车时,进刀量不宜过大,应先找正锥度,以防工件车小而报废。一般留精车余量 0.5 mm。

f. 用角度尺检查锥度时,测量点应通过工件中心。用套规检查时,工件表面粗糙度值要小,涂色要薄而均匀,转动量一般在半圈之内,多则易造成误判。

g. 在转动小滑板时,初始角度应稍大于圆锥半角(α/2),然后逐步找正。当小滑板角度调整到相差不多时,只需把紧固螺母稍松一些,用左手拇指紧贴在小滑板转盘与中滑板底盘上,用铜棒朝所需找正的方向轻轻敲小滑板,凭手指的感觉决定微调量,这样可较快地找正锥度。注意要消除中滑板间隙。

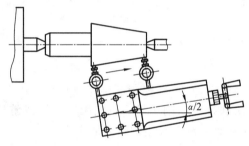

图 4-10 用样件或标准塞规校正小滑板转动角度

h. 小滑板不宜过松,以防工件表面车削痕迹粗细不一。

i. 当车刀在中途刃磨以后,装夹时必须重新调整,使刀尖严格对准工件中心。

j. 防止扳手在扳小滑板紧固螺母时打滑而撞伤手。

图 4-10 所示为用样件或标准塞规校正小滑板转动角度。

2)偏移尾座法

偏移尾座法适用于加工锥度小、锥形部分较长的工件。

采用偏移尾座法车外圆锥,应将工件装夹在两顶尖之间,把尾座上的滑板向里(用于车正外圆锥)或向外(用于车倒外圆锥)横向移动一段距离 S 后,使工件回转轴线与车床主轴轴线相交一个角度,其大小等于圆锥半角 α/2。由于床鞍进给是平行于主轴轴线移动的,当尾座横向移动一段距离 S 后,工件就车成了一个圆锥体,如图 4-11 所示。

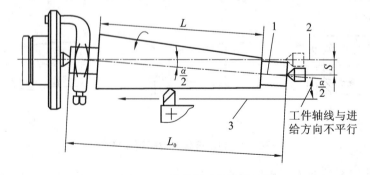

图 4-11 偏移尾座车圆锥

1—工件回转轴线;2—车床主轴轴线;3—进给方向

（1）偏移尾座法车外圆锥的方法。

① 计算尾座偏移量 S。

用偏移尾座法车削圆锥时，尾座的偏移量不仅与圆锥的长度有关，而且还与两个顶尖之间的距离有关，这段距离一般可近似看作工件全长 L_0。

尾座偏移量 S 可根据下列近似公式计算：

$$S = L_0 \tan \frac{\alpha}{2} = L_0 \times \frac{D-d}{2L} \text{ 或 } S = \frac{C}{2} L_0$$

式中：S——尾座偏移量，mm；

$\quad\quad D$——大端直径，mm；

$\quad\quad d$——小端直径，mm；

$\quad\quad L$——圆锥长度，mm；

$\quad\quad L_0$——工件全长，mm；

$\quad\quad C$——锥度。

② 装夹工件。

前后顶尖对齐（尾座上下层零线对齐），在工件两中心孔内加润滑脂，用两顶尖装夹工件，将两顶尖距离调整至工件总长 L_0（尾座套筒在尾座内伸出长度应小于套筒总长的 1/2）。工件在两顶尖之间的松紧程度，以手不能拨动工件而工件无轴向窜动为宜。

③ 偏移尾座。

尾座偏移量 S 计算出来后，常采用以下几种方法偏移尾座：

a. 用尾座的刻度偏移尾座。偏移时，先松开尾座紧固螺母，然后用六角扳手转动尾座上层两侧螺钉（根据正、倒锥确定向里或向外偏移），按尾座刻度把尾座上层移动一个 S 的距离。最后拧紧尾座紧固螺母。这种方法比较方便，一般尾座上有刻度的车床都可以采用。

b. 用百分表偏移尾座。使用这种方法时，先将百分表固定在刀架上，使百分表的测头与尾座套筒接触（百分表应位于通过尾座套筒轴心线的水平面内，且百分表测量杆垂直于轴套表面），然后偏移尾座。当百分表指针转动至 S 值时，把尾座固定。利用百分表偏移尾座比较准确。

（2）用万能角度尺检测外圆锥。

万能角度尺由主尺 1、90°角尺 2、游标 3、制动器 4、基尺 6、卡尺 7 等组成。基尺可以带动主尺沿着游标转动，当转到所需角度时，可以用制动器锁紧。卡块将角尺和直尺固定在所需的位置上。在测量时，转动背面的捏手 8，通过小齿轮 9 转动扇形齿轮 10，使基尺改变角度，如图 4-12 所示。

万能角度尺的示值一般分为 5′ 和 2′ 两种。下面仅介绍示值为 2′ 的读数原理。

主尺刻度每格为 1°，游标上总角度为 29°，并等分为 30 格，如图 4-13（a）所示，每格所对应的角度为：

$$\frac{29°}{30} = \frac{60' \times 29}{30} = 58'$$

因此，主尺一格与游标一格相差 2′，即此万能角度尺的测量精度为 2′。

万能角度尺的读数方法与游标卡尺的读数方法相似，即先从主尺上读出游标零线前面的整数，然后在游标上读出分的数值，两者相加就是被测件的角度数值。如图 4-13（b）所示的读数为 $10°50'$。

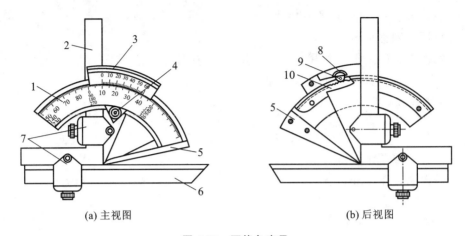

(a) 主视图　　　　　　　　　　　　(b) 后视图

图 4-12　万能角度尺

1—主尺；2—90°角尺；3—游标；4—制动器；5—基尺；6—直尺；7—卡块；
8—捏手；9—小齿轮；10—扇形齿轮

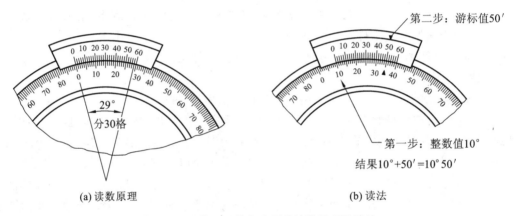

(a) 读数原理　　　　　　　　　　　(b) 读法

图 4-13　示值 2′ 万能角度尺的读数原理及读法

　　用万能角度尺测量圆锥的角度时，应根据角度的大小，选择不同的测量方法，如表 4-6 所示。

表 4-6　用万能角度尺测量圆锥角度的方法

测量的角度	结构变化	测量范围	尺身刻度排数	测量示例
0°～50°	被测工件放在基尺和直尺的测量面之间		第一排	

续表

测量的角度	结构变化	测量范围	尺身刻度排数	测量示例
50°～140°	卸下90°角尺，用直尺代替	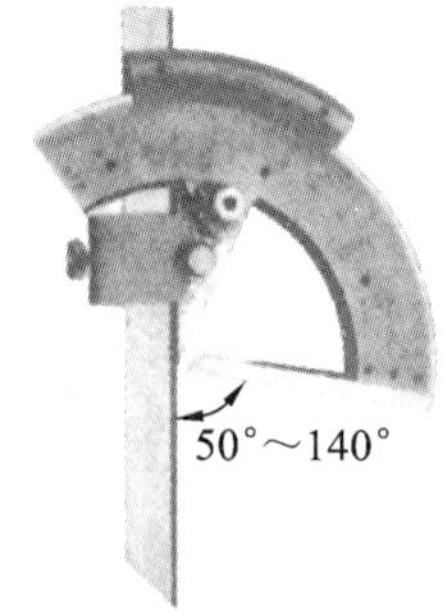 50°～140°	第二排	
140°～230°	卸下直尺，装上90°角尺	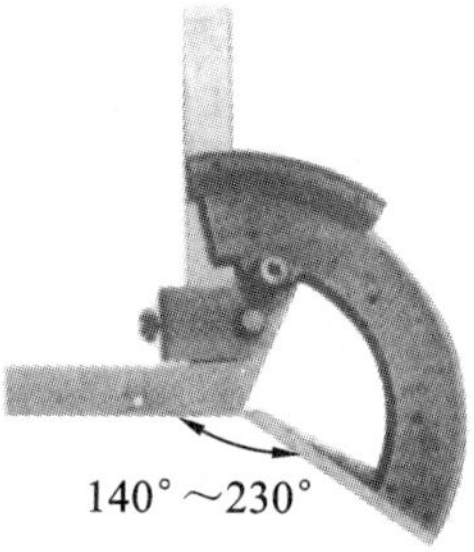 140°～230°	第三排	 
230°～320°	卸下90°角尺、直尺和卡块，由基尺和尺身上的扇形板组成测量面	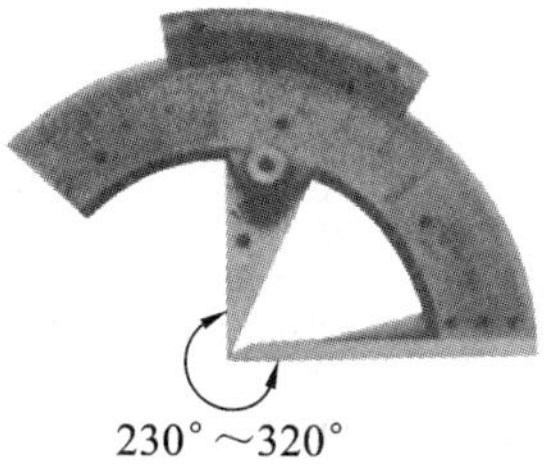 230°～320°	第四排	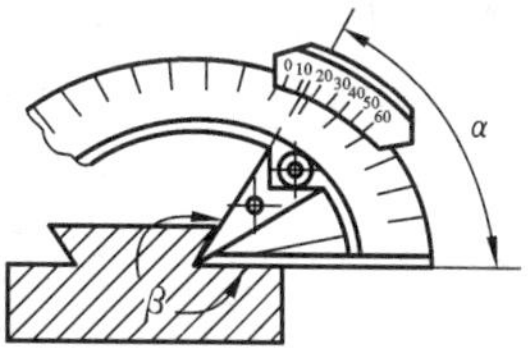

【例 4-1】

正弦规的使用

正弦规由一块准确的钢质长方体和两个相同的精密圆柱体组成，如图 4-14（a）所示。两个圆柱之间的中心距要求很精确，中心连线与长方体工作平面严格平行。

测量时，将正弦规安放在平板上，圆柱的一端用量块垫高，被测工件放在正弦规的平面上，如图 4-14（b）所示。量块组高度可以根据被测工件圆锥半角进行精确计算获得。然后用百分表检验工件圆锥面的两端高度，若读数值相同，就说明圆锥半角正确。用正弦规测量 3°以下的角度，可以达到很高的测量精度。

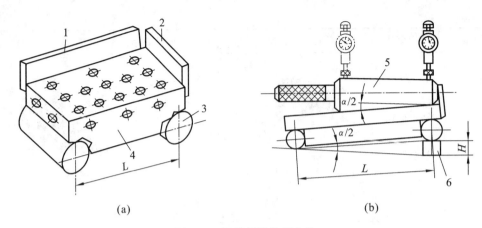

(a)　　　　　　　　　　　　　　　(b)

图 4-14　正弦规及使用方法

1、2—挡板；3—圆柱；4—长方体；5—工件；6—量块

已知圆锥半角 $\alpha/2$，需垫进量块组高度为：

$$H=L\sin(\alpha/2)$$

已知量块组高度 H，圆锥半角 $\alpha/2$ 为：

$$\sin(\alpha/2)=H/L$$

3）车外圆锥的质量分析

加工外圆锥时，可能产生各种缺陷。例如，锥度（角度）或者尺寸不正确、双曲线误差、表面粗糙度值过大等，如表 4-7 所示。

表 4-7　车外圆锥时产生废品的原因及预防措施

废品种类	产生原因	预防措施
锥度（角度）不正确	1. 用转动小滑板法车削时 （1）小滑板转动角度计算差错或小滑板角度调整不当 （2）车刀没有紧固 （3）小滑板移动时松紧不均 2. 用偏移尾座法车削时 （1）尾座偏移位置不正确 （2）工件长度不一致	1. 用转动小滑板法车削时 （1）仔细计算小滑板应转动的角度、方向，反复试车校正 （2）紧固车刀 （3）调整镶条间隙，使小滑板移动均匀 2. 用偏移尾座法车削时 （1）重新计算和调整尾座偏移量 （2）若工件数量较多，其长度必须一致，或两端中心孔深度一致
大小端尺寸不正确	1. 未经常测量大小端直径 2. 控制刀具进给错误	1. 经常测量大小端直径 2. 及时测量，用计算法或移动床鞍法控制切削深度 a_p
双曲线误差	车刀刀尖未对准工件轴线	车刀刀尖必须严格对准工件轴线
表面粗糙度达不到要求	1. 切削用量选择不当 2. 手动进给忽快忽慢 3. 车刀角度不正确，刀尖不锋利 4. 小滑板镶条间隙不当 5. 未留足精车余量	1. 正确选择切削用量 2. 手动进给要均匀，快慢一致 3. 刃磨车刀，角度要正确，刀尖要锋利 4. 调整小滑板镶条间隙 5. 要留有适当的精车余量

◀ 项目2 车削偏心工件 ▶

在机械传动中,要使回转运动转变为直线运动,或由直线运动转变为回转运动,一般采用曲柄滑块(连杆)机构来实现,在实际生产中常见的偏心轴、曲柄等就是具体应用的实例,如图 4-15 所示。外圆和外圆的轴线或内孔与外圆的轴线平行但不重合(彼此偏离一定距离)的工件,叫偏心工件。外圆与外圆偏心的工件叫偏心轴,内孔与外圆偏心的工件叫偏心套,两平行轴线间的距离叫偏心距。

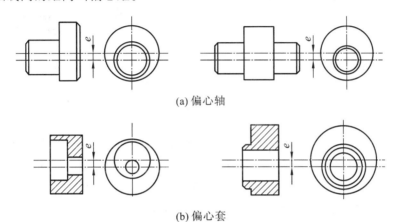

(a) 偏心轴

(b) 偏心套

图 4-15 偏心工件

偏心轴、偏心套一般都在车床上加工。其加工原理基本相同,都是要采取适当的安装方法,将需要加工的偏心部分的轴线校正到与车床主轴轴线重合的位置后,再进行车削。

为了保证偏心零件的工作精度,在车削偏心工件时,要特别注意控制轴线间的平行度和偏心距的精度。

一、偏心工件的划线方法与技能训练

安装、车削偏心工件时,应先用划线的方法确定偏心轴(套)轴线,随后在两顶尖或四爪单动卡盘上安装。

偏心轴的划线步骤如下:

(1)先将工件毛坯车成一根光轴,直径为 D,长度为 L,如图 4-16 所示。使两端面与轴线垂直(其误差将直接影响找正精度),表面粗糙度值为 $Ra1.6~\mu m$。然后在轴的两端面和四周外圆上涂一层蓝色显示剂,待干后将其放在平板上的 V 形架中。

(2)用高度游标卡尺划针尖端测量光轴的最高点,如图 4-17 所示,并记下其读数,再把高度游标卡尺的游标下移工件实际测量直径尺寸的一半,并在工件的 A 端面轻轻地划出一条水平线,然后将工件转过 $180°$,仍用刚才调整的高度,再在 A 端面轻划另一条水平线。检查前、后两条线是否重合,若重合,即为此工件的水平轴线;若不重合,则须将高度游标卡尺进行调整,游标下移量为两平行线间距离的一半。如此反复,直至两线重合为止。

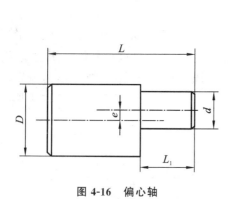

图 4-16　偏心轴

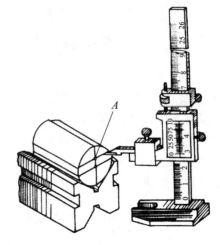

图 4-17　在 V 形架（V 形块）上划偏心轴的方法

（3）找出工件的轴线后，即可在工件的端面和四周划圈线（即过轴线的水平剖面与工件的截交线）。

（4）将工件转过 90°，用平行直角尺对齐已划好的端面线，然后再用刚才调整好的高度游标卡尺在轴端面和四周划一道圈线，这样在工件上就得到两道互相垂直的圈线了。

（5）将高度游标卡尺的游标上移一个偏心距尺寸，也在轴端面和四周划上一道圈线。

（6）偏心距中心线划出后，在偏心距中心处两端分别打样冲眼，要求敲打样冲眼的中心位置准确无误，眼坑宜浅，且小而圆。

① 若采用两顶尖车削偏心轴，则要依此样冲眼先钻出中心孔。

② 若采用四爪单动卡盘装夹车削时，则要依样冲眼先划出一个偏心圆，同时还需在偏心圆上均匀地、准确无误地打上几个样冲眼，以便找正，如图 4-18 所示。

【例 4-2】　试给图 4-19 所示偏心轴工件加工划线。

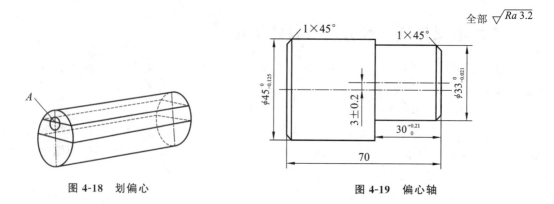

图 4-18　划偏心

图 4-19　偏心轴

1）图样分析

（1）工件总长 70 mm，偏心距 $e=(3\pm0.2)$ mm；

（2）基准外圆 $\phi45$ mm，偏心外圆 $\phi33$ mm，长 30 mm。

（3）表面粗糙度值为 $Ra3.2\ \mu m$。

2）划线步骤

（1）车光轴，保证外圆尺寸为 $\phi45$ mm（可车削到 $\phi44.95$ mm），长 70 mm。

（2）在 V 形架上划线。

（3）划偏心圆，打样冲眼。

3）注意事项

（1）划线用涂剂应有较好的附着性（一般可用酒精、蓝色和绿色颜料加虫胶片混合浸泡而成），应均匀地在工件上涂上薄薄一层，不宜涂厚，以免影响划线清晰度。

（2）划线时，手轻扶工件，不让其转（或移）动，右手握住高度游标卡尺的底座，在平台上沿着划线的方向缓慢、均匀地移动，防止因高度游标卡尺底座与平台间摩擦阻力过大而使尺身或游标在划线时颤抖。为此应使平台和底座下面光洁、无毛刺，可在平台上涂上薄薄一层机油。

（3）样冲尖应仔细刃磨，要求圆且尖。

（4）敲样冲时，应使样冲与所标示的线条垂直，尤其是冲偏心轴孔时更要注意，否则会产生偏心误差。

二、车偏心工件和简单曲轴的方法及技能训练

偏心工件可以用三爪自定心卡盘、四爪单动卡盘和两顶尖等夹具安装车削。

1. 用四爪单动卡盘安装、车削偏心工件

数量少、偏心距小、长度较短、不便于两顶尖装夹或形状比较复杂的偏心工件，可安装在四爪单动卡盘上车削。

根据已划好的偏心圆来找正。由于存在划线误差和找正误差，故此法仅适用于加工精度要求不高的偏心工件。具体操作步骤如下：

（1）装夹、找正工件。

① 装夹工件前，应先调整好卡盘爪，使其中两爪处于对称位置，而另外两爪处于不对称位置，其偏离主轴中心的距离大致等于工件的偏心距。各对卡爪之间张开的距离稍大于工件装夹处的直径，使工件偏心圆线处于卡盘中央，然后装夹上工件，如图 4-20 所示。

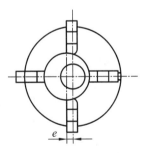

图 4-20 用四爪单动卡盘

② 夹持工件长 15～20 mm，工件外圆垫 1 mm 左右厚铜片，夹紧工件后，要使尾座顶尖接近工件，调整卡爪位置，使顶尖对准偏心圆中心，然后移去尾座。

③ 将划线盘置于中滑板上（或床鞍上）适当位置，使划针尖对准工件外圆上的侧素线（见图 4-21），移动床鞍，检查侧素线是否水平，若不水平，可用木槌轻轻敲击进行调整。再将工件转过 90°，检查并校正另一条侧素线，然后将划针尖对准工件端面的偏心圆线，并校正偏心圆（见图 4-22）。如此反复校正和调整，直至使两条侧素线均水平（此时偏心圆的轴线与基准圆轴线平行），又使偏心圆轴线与车床主轴轴线重合为止。

④ 将四个卡爪均匀地紧一遍，经检查确认侧素线和偏心圆线在紧固卡爪时没有位移，即可开始车削。

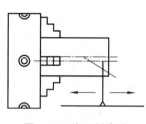

图 4-21　找正侧素线

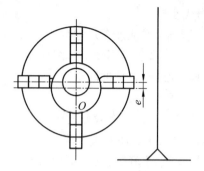

图 4-22　校正偏心圆装夹偏心工件

（2）车偏心轴。

以图 4-19 所示工件为例，介绍其加工步骤：

① 用车刀刀尖在离工件端面 30 mm 处刻线。

② 粗车偏心圆直径。由于粗车偏心圆是在光轴的基础上进行切削的，切削余量很不均匀且又是断续切削，会产生一定的冲击和振动，所以外圆车刀取负刃倾角。刚开始车削时，进给量和切削深度要小，待工件车圆后，再适当增加，否则容易损坏车刀或使工件发生位移。此外，开始车削前，还应在车刀远离工件后再启动车床，然后，车刀刀尖必须从偏心的最远点（见图 4-22 中 O 点）开始切入工件进行车削，以免打坏刀具或损坏机床。

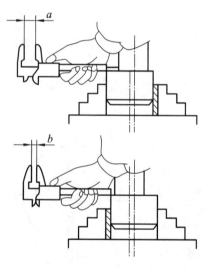

图 4-23　用游标卡尺检测偏心距

③ 检测偏心距。当还有 0.5 mm 左右精车余量时，可采用如图 4-23 所示方法检测偏心距。测量时，用分度值为 0.02 mm 的游标卡尺测量两外圆间的最大距离和最小距离，则偏心距就等于最大距离与最小距离差值的一半，即 $e=(a-b)/2$。

若实测偏心距误差较大时，可少量调节不对称的两个卡爪。若偏心距误差不大时，则只需继续夹紧某一只卡爪（当 e 偏大时，夹紧离偏心轴线近的那只卡爪，当 e 偏小时，夹紧离偏心轴线远的那只卡爪）。

④ 精车偏心外圆。当用游标卡尺检查并调整卡爪，使其偏心距在图样允许的误差范围内之后，复检侧素线，以保证偏心圆、基准圆两轴线平行，便可精车偏心外圆到 $\phi33^{-0.05}_{-0.10}$ mm，长度为 $30^{-0.05}_{-0.10}$ mm，表面粗糙度值 $Ra3.2\ \mu m$，倒角 $1\times45°$。

（3）用百分表找正，车削偏心工件。

以图 4-19 所示工件为例，对于偏心距较小、加工精度要求较高的偏心工件，按划线找正加工，显然是达不到精度要求的，此时须用百分表来找正，一般可使偏心距误差控制在 0.02 mm 以内。由于受百分表测量范围的限制，所以它只能适于偏心距为 5 mm 以下的工件的找正。

具体操作步骤如下：

① 先用划线初步找正工件。

② 再用百分表进一步找正，使偏心圆轴线与车床主轴轴线重合，如图 4-24 所示，找正 a 点用卡爪调整，找正 b 点用木槌或铜棒轻敲。

③ 找正工件侧素线,使偏心轴两轴线平行。为此,移动床鞍,用百分表在 a、b 两点处交替进行测量、校正,并使工件两端百分表读数值在 0.02 mm 以内。若工件本身有锥度则应考虑工件锥度对找正侧素线的影响,找正时应扣除 1/2 的锥度误差值。

④ 校正偏心距。将百分表测杆触头垂直接触偏心工件的基准轴(即光轴)的外圆上,并使百分表压缩量为 0.5～1 mm,用手缓慢转动卡盘,使工件转过一周,百分表指示处的最大值和最小值之差的一半即为偏心距。按此方法校正 a、b 两点处的偏心距,使 a、b 两点偏心距基本一致,并且均在图样允许误差范围内。如此综合考虑,反复调整,直至校正为止。

⑤ 粗车偏心轴,其操作要求、注意事项与用划针找正、车削偏心工件时相同。

⑥ 检查偏心距。当还剩 0.5 mm 左右精车余量时,可按如图 4-25 所示的方法复检偏心距。将百分表测量杆触头与工件基准外圆接触,使卡盘缓慢转过一周,检查百分表指示的最大值和最小值之差的一半是否在图样所标偏心距允差范围内。通常复检时,偏心距误差应该是很小的,若偏心距超差,则略调紧相应卡爪即可。

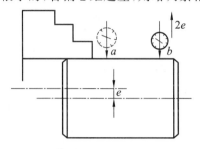

图 4-24 用百分表校正偏心工件

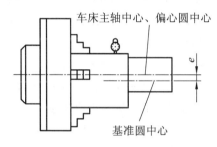

图 4-25 用百分表复检偏心距

⑦ 精车偏心圆外径,使之外圆达 $\phi 52^{0}_{-0.074}$ mm,长 60 mm,表面粗糙度值为 $Ra3.2\ \mu m$,倒角 $1 \times 45°$。

由于百分表是精密量具,使用前应检查磁力表座是否完好。使用时,应使磁力表座牢固地吸附在床鞍(或中滑板)适当位置上;测量时应防止偏心工件外圆突然撞击百分表。使用后,应及时将百分表连同磁力表座放置在安全位置。

(4) 在四爪单动卡盘上安装偏心工件。

车削如图 4-26 所示偏心套。

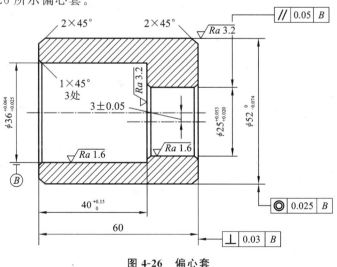

图 4-26 偏心套

① 图样分析。

a. 该工件为一偏心套,其基准圆为 $\phi 36^{+0.064}_{+0.025}$ mm 改成 $\phi 36^{+0.064}_{+0.025}$ mm,孔深 40 mm,为一阶台孔,表面粗糙度值为 $Ra1.6\ \mu m$。

b. 工件外圆 $\phi 52^{\ 0}_{-0.074}$ mm,长 60 mm,与基准孔同轴,其同轴度允差 0.025 mm,其端面对基准轴线的垂直度误差不超过 0.03 mm。

c. 偏心孔 $\phi 25^{+0.053}_{+0.020}$ mm 对基准孔的偏心距为 $e=(3\pm 0.05)$ mm,两孔轴线的平行度允差为 0.05 mm,表面粗糙度值为 $Ra1.6\ \mu m$,拟用百分表找正,在四爪单动卡盘上车削。

d. 工件材料为 45 钢,数量 1 件。

② 车削步骤。

a. 为留工艺凸台,工件毛坯为 $\phi 55$ mm×75 mm 棒料。装夹毛坯外圆,找正后,车工艺凸台 $\phi 45$ mm×10 mm,$Ra6.3\ \mu m$;

b. 工件调头夹 45 mm 处,找正夹紧;

c. 粗、精车外圆至 $\phi 52$ mm,长 61 mm,$Ra3.2\ \mu m$;

d. 钻孔 34 mm,深 39 mm;

e. 粗、精车内孔至 25 mm,深 20 mm,$Ra1.6\ \mu m$,孔口倒角 1×45°;

f. 工件调头切去工艺凸台车端面,保证总长 60 mm;

a~f 均用三爪自定心卡盘安装;

g. 划线,并在偏心圆上打样冲眼;

h. 垫铜片,用四爪单动卡盘装夹外圆面,先用划针依所划偏心圆,初步找正后,再用百分表精确找正,保证偏心距;

i. 钻通孔 $\phi 23$ mm;

j. 粗、精车内孔至 $\phi 25^{+0.053}_{+0.020}$ mm,$Ra1.6$ mm;

k. 孔口倒角 1×45°。

③ 检验。

④ 注意事项:

a. 为了保证两孔轴线的平行度,应在外圆侧素线 90°方向交叉校正。

b. 试分析一下,车偏心套的偏心孔与车偏心轴的偏心圆,在车削过程中有何差异。

2. 用三爪自定心卡盘安装、车削偏心工件

在四爪单动卡盘上安装、车削偏心工件时装夹、找正相当麻烦。对于长度较短、形状比较简单且加工数量较多的偏心工件,也可以在三爪自定心卡盘上进行车削。其方法是在三爪中的任意一个卡爪与工件接触面之间,垫上一块预先选好的垫片,使工件轴线相对车床主轴轴线产生位移,并使位移距离等于工件的偏心距(见图 4-27)。

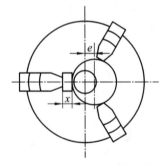

图 4-27　在三爪自定心卡盘上车削偏心工件

(1)垫片厚度的计算。垫片厚度 x(见图 4-27)可按下列公式计算:

$$x=1.5e\pm K$$

$$K\approx 1.5\Delta e$$

式中：x——垫片厚度，mm；

　　　e——偏心距，mm；

　　　K——偏心距修正值，正负值按实测结果确定；

　　　Δe——试切后，实测偏心距误差，mm。

【例 4-3】 如用三爪自定心卡盘加垫片的方法车削偏心距 $e=4$ mm 的偏心工件，试计算垫片厚度。

解：先暂不考虑修正值，初步计算垫片厚度：

$$x=1.5e=1.5\times4 \text{ mm}=6 \text{ mm}$$

垫入 6 mm 厚的垫片进行试切削，然后检查其实际偏心距为 4.05 mm，那么其偏心距误差为：

$$\Delta e=(4.05-4) \text{ mm}=0.05 \text{ mm}$$

$$K=1.5\Delta e=1.5\times0.05 \text{ mm}=0.075 \text{ mm}$$

由于实测偏心距比工件要求的大，则垫片厚度的正确值应减去修正值，即：

$$x=1.5e-K=(1.5\times4-0.075) \text{ mm}=5.925 \text{ mm}$$

（2）注意事项。

① 应选用硬度较高的材料做垫块，以防止在装夹时发生挤压变形。垫块与卡爪接触的一面应做成与卡爪圆弧相同的圆弧面，否则，接触面将会产生间隙，造成偏心距误差。

② 装夹时，工件轴线不能歪斜，否则会影响加工质量。

③ 对精度要求较高的偏心工件，必须按上述计算方法，在首件加工时进行试车检验，再按实测偏心距误差求得修正值 K，从而调整垫片厚度，然后才可正式车削。

3. 用两顶尖安装、车削偏心工件

较长的偏心轴，只要轴的两端面能钻中心孔，有装夹鸡心夹头的位置，都可以安装在两顶尖间进行车削（见图 4-28）。

由于是用两顶尖装夹，在偏心中心孔中车削偏心圆，这与在两顶尖间车削一般外圆相类似，不同的是车偏心圆时，在一转内工件加工余量变化很大，且是断续切削，因而会产生较大的冲击和振动。其优点是不需要用很多时间去找正偏心。

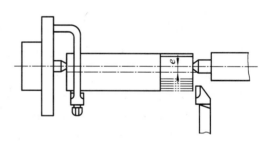

图 4-28　在两顶尖间装夹车削偏心工件

（1）操作方法。

采用这种方法时，首先必须在工件的两个端面上根据偏心距的要求，共钻出 $2n+2$ 个中心孔（其中只有 2 个不是偏心中心孔，n 为工件上偏心轴线的个数）。然后先顶住工件基准圆中心孔车削基准外圆，再顶住偏心圆中心孔车削偏心外圆。

单件、小批量生产精度要求不高的偏心轴，其偏心中心孔可经划线后在钻床上钻出；偏心距精度要求较高时，偏心中心孔可在坐标镗床上钻出；成批生产时，偏心中心孔可在专门中心孔钻床或偏心夹具上钻出。

偏心距较小的偏心轴，在钻偏心圆中心孔时，可能会与基准圆中心孔相互干涉，此时可按如图 4-29 所示的方法，将工件的长度加长两个中心孔的深度，即：

$$L=l+2h$$

式中:L——偏心轴毛坯长度,mm;

　　　l——偏心轴图样要求长度,mm;

　　　h——中心孔深度,mm。

车削时,可先将两端基准圆中心孔毛坯车成光轴,然后车去两端中心孔至工件长度 l 再划线,钻偏心中心孔,车削偏心圆。

若工件是偏心套,可把工件套在偏心轴上车削。

（2）技能训练。

试在两顶尖间安装、车削如图 4-30 所示偏心轴。

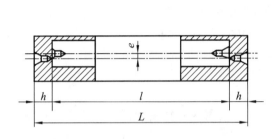

图 4-29　毛坯加长的偏心轴

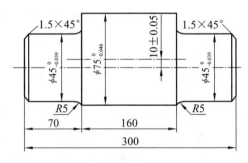

图 4-30　偏心轴

① 图样分析。

工件总长 300 mm,基准外圆为 $\phi45_{-0.039}^{0}$ mm,偏心外圆为 $\phi75_{-0.046}^{0}$ mm,偏心距 $e=$ (10±0.05) mm;

工件表面粗糙度值均为 $Ra3.2\ \mu m$。

② 车偏心轴。

a. 粗车光轴至 $\phi80$ mm,长 300 mm。

b. 在光轴两端面划基准轴线和偏心轴线,并打样冲眼。

在坐标镗床上钻基准圆中心孔和偏心圆中心孔。

用两顶尖顶持基准圆中心孔,粗车两端基准外圆至 $\phi47$ mm。

用两顶尖顶持偏心圆中心孔,粗车偏心外圆至 $\phi77$ mm。

c. 顶持基准中心孔,精车两端基准外圆至 45 mm,表面粗糙度值达 $Ra3.2\ \mu m$,倒角 1.5×45°,保证 $R5$ 圆弧过渡。

d. 顶持偏心圆中心孔,精车偏心外圆至 75 mm,表面粗糙度值达 $Ra3.2\ \mu m$。

（3）检测偏心距。

由于该工件偏心距 $e=$(10±0.05) mm,超过了百分表的示值范围,不能用百分表直接测出其偏心距值,可采用图 4-31 所示方法检测。

把偏心轴的基准中心孔顶在两顶尖之间,转动工件,用百分表找出偏心圆的最低点(见图 4-31(a)),调整可调量块平面,使可调量块平面与偏心圆最低点处于同一水平位置(用百分表测定),然后固定可调量块平面,再转动偏心工件,找出偏心圆的最高点(见图 4-31(b)),并在可调量块平面上放量块,用百分表测定,使量块的高度与偏心圆的最高点等高,则偏心距就等于量块高度的一半。

（4）注意事项。

① 用两顶尖安装、车削偏心工件时,关键是要保证基准圆中心孔和偏心圆中心孔的钻

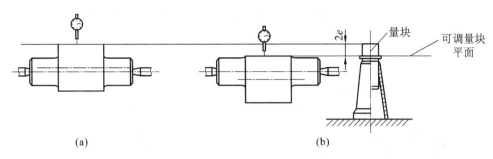

图 4-31 用百分表找出偏心圆的最低和最高点

孔位置精度,否则偏心距精度无法保证,所以钻中心孔时应特别注意。

② 顶尖与中心孔的接触松紧程度要适当,且应在其间经常加注润滑油,以减少彼此的磨损。

③ 断续车削偏心圆时,应选用较小的切削用量,初次进刀时一定要从离偏心圆最远处切入。

4. 其他车削偏心工件方法简介

(1) 双重卡盘安装、车削偏心工件。将三爪自定心卡盘装夹在四爪单动卡盘上,并移动一个偏心距 e。加工偏心工件时,只需把工件安装在三爪自定心卡盘上就可以车削,如图 4-32 所示。这种方法第一次校正比较困难,加工一批零件的其余零件时则不用校正偏心距了,因此适用于加工成批零件。但两只卡盘重叠在一起,刚性差且离心力较大,切削用量只能选得较低。此外,车削时尽量用尾座顶尖顶持,以防止意外事故发生。

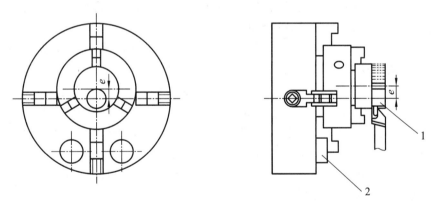

图 4-32 用双重卡盘安装偏心工件

1—工件;2—平衡块

采用这种方法时,须保证三爪自定心卡盘在四爪单动卡盘上移动偏心距时的精度,在找正偏心距的同时,找正三爪自定心卡盘的端面圆跳动要符合要求。还要保证四爪单动卡盘卡爪与三爪自定心卡盘间的接触良好,防止因接触不良在车削时引起三爪自定心卡盘移动而改变了偏心距。卡盘找正后尚需加平衡块。这种方法只适宜车削长度较短、偏心距不大且精度要求不高的偏心工件。

(2) 用偏心卡盘安装车削偏心工件。偏心卡盘的结构如图 4-33 所示,分为两层,底盘 2 用螺钉固定在车床主轴的连接盘上。偏心体 3 下部与底盘燕尾槽相互配合,其上部通过螺钉 6 与三爪自定心卡盘 5 连接,利用丝杠 1 调整卡盘的中心距。偏心距 e 的大小可在两个测量头 7、8 之间测得，当 $e=0$ 时，两测量头正好相碰，转动丝杠 1 时，测量头 8 逐渐离开 7，其离开的距离正好就是偏心距。若偏心距调整好后，锁紧螺钉 4，防止偏心体移动，然后工件安装在三爪自定心卡盘上就可以车削了。

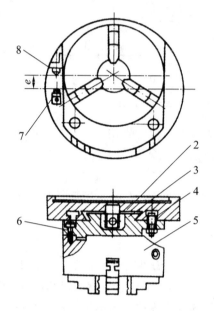
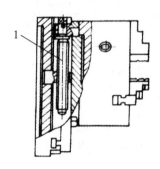

图 4-33　偏心卡盘

1—丝杠；2—底盘；3—偏心体；4—锁紧螺钉；5—三爪自定心卡盘；6—螺钉；7、8—测量头

由于偏心卡盘的偏心距可用量块或百分表控制，因此可以获得很高的精度，另外，偏心卡盘调整方便，通用性强，是一种较理想的偏心夹具。

（3）用专用夹具安装、车削偏心工件　加工数量较多、偏心距精度要求较高的偏心工件时，可用专用夹具来安装、车削工件。

如图 4-34 所示是一种简单的偏心夹具。夹具体 1 预先加工一个偏心孔，使其偏心距等于工件的偏心距。夹具体用三爪自定心卡盘 2 夹持，夹具体一端可抵在三只卡爪的平面上，工件基准圆插入夹具体的偏心孔中，用铜螺钉 3 来固定（见图 4-34（b）），也可以将夹具体较薄处铣出一条窄槽（见图 4-34（a）），依靠夹具变形来夹紧工件。当加工数量较多的偏心轴时，用划线的方法钻中心孔，生产率低而且偏心距的精度不易保证。为此，可利用如图 4-35 所示的钻偏心孔夹具来钻中心孔。

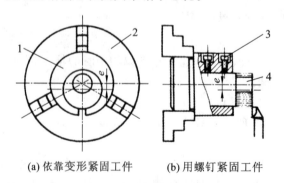
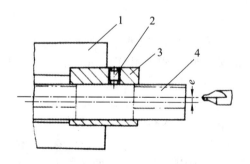

(a) 依靠变形紧固工件　　(b) 用螺钉紧固工件

图 4-34　专用车偏心夹具

1—夹具体；2—三爪自定心卡盘；3—铜螺钉；4—工件

图 4-35　用偏心夹具钻偏心中心孔

1—软卡盘；2—铜螺钉；3—偏心夹具体；4—工件

　　该偏心夹具体是一个偏心套,其偏心距等于工件的偏心距。夹具体用软卡爪装夹在三爪自定心卡盘上,工件的基准圆插入夹具体的偏心孔中,用铜螺钉固定工件,则钻出的中心孔就是偏心圆中心孔。工件调头钻另一端孔时,应连同夹具体一起调头,工件不能卸下,然后,用软卡爪夹紧夹具体,钻另一端偏心圆中心孔。

模块 5
表面修饰与切削液基本知识

◀ **知识目标**

（1）知道滚花时产生乱纹的原因及预防方法。

（2）知道切削液的用途。

◀ **技能目标**

（1）熟练地掌握各种滚花加工。

（2）合理选择切削液以及有效地使用切削液。

（3）学会配比切削液。

◀ 项目 1 滚 花 ▶

有些工具和零件的捏手部分,为增加其摩擦力使其便于使用或使之外表美观,通常将其表面在车床上滚压出不同的花纹,称之为滚花。

1. 滚花的种类

滚花的花纹有直纹和网纹两种。花纹有粗细之分,并用模数 m 表示。其形状和各部分尺寸如图 5-1 和表 5-1 所示。

滚花的规定标记示例:

模数 $m=0.2$ mm 的直纹滚花标记为:直纹 m0.2 GB/T 6403.3—1986。模数 $m=0.3$ mm 的网纹滚花标记为:网纹 m0.3 GB/T 6403.3—1986。

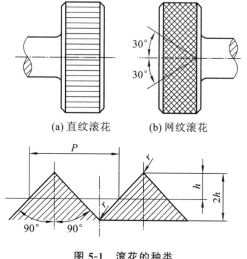

(a) 直纹滚花 (b) 网纹滚花

图 5-1 滚花的种类

表 5-1 滚花各部分尺寸(GB/T 6403.3—1986)

mm

模数 m	h	r	节距 P
0.2	0.132	0.06	0.628
0.3	0.198	0.09	0.942
0.4	0.264	0.12	1.267
0.5	0.326	0.16	1.571

注:① 表中 $h=0.785m-0.414r$。

② 滚花前工件表面粗糙度为 $Ra12.5\ \mu m$。

③ 滚花后工件直径大于滚花前直径,其值 $D\approx(0.8\sim1.6)m$。

2. 滚花刀的种类

滚花刀可做成单轮、双轮和六轮三种(见图 5-2)。

单轮滚花刀(见图 5-2(a))由直纹滚轮和刀柄组成,通常用来滚直纹。

双轮滚花刀(见图 5-2(b))由两只不同旋向的滚轮和浮动连接头及刀柄组成,用来滚网纹。

六轮滚花刀(见图 5-2(c))由三对滚轮组成,并通过浮动连接头支持这三对滚轮,可以分别滚出粗细不同的三种模数的网纹。

3. 滚花方法

由于滚花过程是用滚轮来滚压被加工表面的金属层,使其产生一定的塑性变形而形成花纹的,所以,滚花时产生的径向压力很大。

滚花前,应根据工件材料的性质和滚花节距 P 的大小,将工件滚花表面车小 $(0.8\sim1.6)m$(m 为模数)。

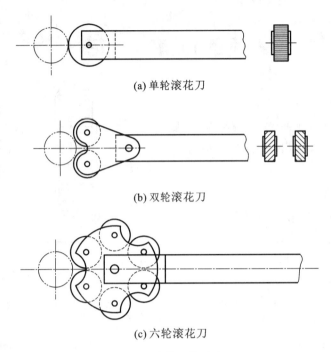

(a) 单轮滚花刀

(b) 双轮滚花刀

(c) 六轮滚花刀

图 5-2　滚花刀的种类

　　滚花刀装夹在车床的刀架上,并使滚花刀的装刀中心与工件回转中心等高(见图 5-2)。

　　滚压有色金属或滚花表面要求较高的工件时,滚花刀的滚轮表面与工件表面平行安装,如图 5-3(a)所示。

　　滚压碳素钢或滚花表面要求一般的工件,滚花刀的滚轮表面相对于工件表面向左倾斜 3°~5°安装(见图 5-3(b)),这样便于切入且不易产生乱纹。

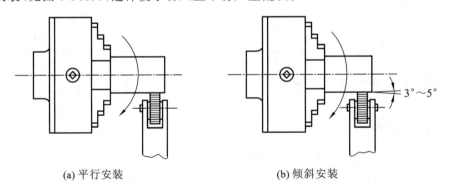

(a) 平行安装　　　　　　　　　　(b) 倾斜安装

图 5-3　滚花刀的安装

滚压注意事项:

　　(1) 开始滚压时,必须使用较大的压力进刀,使工件刻出较深的花纹,否则易产生乱纹。

　　(2) 为了减小开始滚压的径向压力,可以使滚轮表面 1/3~1/2 的宽度与工件接触(见图 5-4),这样滚花刀就容易压入工件表面。在停车检查花纹符合要求后,即可纵向机动进刀。如此反复滚压 1~3 次,直至花纹凸出为止。

　　(3) 滚花时,切削速度应选得低一些,一般为 5~10 m/min。纵向进给量应选得大一些,一般为 0.3~0.6 m/r。

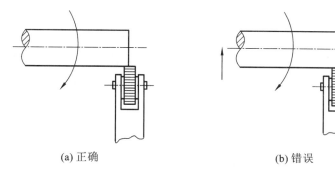

(a) 正确　　　　　　　　　　　　(b) 错误

图 5-4　滚花刀横向进给位置

（4）滚压时还需浇注切削油以润滑滚轮，并经常清除滚压产生的切屑。

◀ 项目 2　切　削　液 ▶

切削液又称冷却润滑液，是在车削过程中为了改善切削效果而使用的液体。在车削过程中，金属切削层发生了变形，在切屑与刀具间、刀具与加工表面间存在着剧烈的摩擦，这些都会产生很大的切削力和大量的切削热。若在车削过程中合理地使用冷却润滑液，不仅能改善表面粗糙度，减小 15%～30% 的切削力，而且还会使切削温度降低 100～150 ℃，从而能有效延长刀具的使用寿命并提高劳动生产率和产品质量。

一、切削液的作用

切削液有以下三方面的作用。

1. 冷却作用

切削液能吸收并带走切削区域大量的切削热，能有效地改善散热条件，降低刀具和工件的温度，从而延长刀具的使用寿命，防止工件因热变形而产生的误差，为提高加工质量和生产效率创造了极为有利的条件。

2. 润滑作用

由于切削液能渗透到切屑、刀具与工件的接触面之间，并黏附在金属表面上，而形成一层极薄的润滑膜，则可减小切屑、刀具与工件间的摩擦，降低切削力和切削热，减缓刀具的磨损，因此有利于保持车刀刃口锋利，从而提高工件表面加工质量。对于精加工，加注切削液显得尤为重要。

3. 冲洗作用

在车削过程中，加注有一定压力和充足流量的切削液，能有效地冲走黏附在加工表面和刀具上的微小切屑及杂质，减少刀具磨损，提高工件表面粗糙度。

二、切削液的种类及其选用

1. 切削液的种类

车削常用切削液有乳化液和切削油两大类。

1) 乳化液

乳化液是用乳化油加 15～20 倍的水稀释而成的,主要起冷却作用。其特点是黏度小、流动性好,比热容大,能吸收大量的切削热,但因其中水分较多,故润滑、防锈性能差。若加入一定量的含硫、氯等的添加剂和防锈剂,可提高润滑效果和防锈能力。

2) 切削油

切削油的主要成分是矿物油,少数采用动物油或植物油。这类切削液的比热容小,黏度较大,散热效果稍差,流动性差,但润滑效果比乳化液好,主要起润滑作用。

常用的切削油是黏度较低的矿物油,如 10 号、20 号机油和轻柴油、煤油等。由于纯矿物油的润滑效果不理想,通常在其中加入一定量的添加剂和防锈剂,以提高其润滑性能和防锈性能。

动、植物油作切削油虽然能形成较牢固的润滑膜,润滑效果较好,但因容易变质,而使其应用受到限制。

2. 切削液的选用

切削液的种类繁多,性能各异,在车削过程中应根据加工性质、工艺特点、工件和刀具材料等具体条件来合理选用。

1) 根据加工性质选用

(1) 粗加工为降低初温度,延长刀具使用寿命,在组加工中应选择以冷却作用为主的乳化液。

(2) 精加工为了减少切屑、工件与刀具间的摩擦,保证工件的加工精度和表面质量,应选用润滑性能较好的极压切削油或高浓度极压乳化液。

(3) 半封闭式加工如钻孔、铰孔和深孔加工时,刀具处于半封闭状态,排屑散热条件均非常差。这样不仅使刀具容易退火,刀刃硬度下降,刀刃磨损严重,而且严重地拉毛加工表面。为此,需选用黏度较小的极压乳化液、极压切削油,并加大切削液的压力和流量,这样,一方面进行冷却、润滑,另一方面可将部分切屑冲刷出来。

2) 根据工件材料选用

(1) 一般钢件,粗车时选乳化液,精车时选硫化油。

(2) 车削铸铁、铸铝等脆性金属,为了避免细小切屑堵塞冷却系统或黏附在机床上难以清除,一般不用切削液。但在精车时,为提高工件表面加工质量,可选用润滑性好、黏度小的煤油或 7%～10% 的乳化液。

(3) 车削有色金属或铜合金时,不宜采用含硫的切削液,以免腐蚀工件。

(4) 车削镁合金时,不能用切削液,以免燃烧起火。必要时,可用压缩空气冷却。

(5) 车削难加工材料,如不锈钢、耐热钢等,应选用极压切削油或极压乳化液。

3) 根据刀具材料选用

(1) 高速钢刀具粗加工选用乳化液;精加工钢件时,选极压切削油或浓度较高的极压乳化液。

(2) 硬质合金工具为避免刀片因骤冷或骤热而产生崩裂,一般不使用冷却润滑液。

三、使用切削液的注意事项

(1) 切削一开始,就应供给切削液,并要求连续使用。

（2）加注切削液的流量应充分,平均流量为 10～20 L/min。

（3）切削液应浇注在过渡表面、切屑和前刀面接触的区域,因为此处产生的热量最多,最需要冷却润滑,如图 5-5 所示。

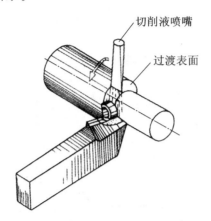

切削液喷嘴

过渡表面

图 5-5 最需冷却的位置

模块 6
螺纹加工基本知识

◀ **知识目标**

（1）什么叫螺纹。

（2）掌握螺纹牙型角、螺距、中径、螺纹升角的定义及代号。

（3）了解三角形螺纹分哪几种。

（4）学会计算各种螺纹的各部分尺寸。

（5）掌握普通螺纹和英制螺纹的区别。

◀ **技能目标**

（1）学会用车床加工各种螺纹。

（2）熟练掌握车削螺纹的方法。

◀ 项目 1　三 角 螺 纹 ▶

在各种机械产品中,带有螺纹的零件应用广泛。车削螺纹是常用的方法,也是车工的基本技能之一。

螺纹的种类很多,按形成螺旋线的形状可分为圆柱螺纹和圆锥螺纹,按用途不同可分为连接螺纹和传动螺纹,按牙型特征可分为三角形螺纹、矩形螺纹、梯形螺纹和锯齿形螺纹,按螺旋线的旋向可分为右旋螺纹和左旋螺纹,按螺旋线的线数可分为单线螺纹和多线螺纹。

一、车三角螺纹

1. 三角螺纹概述

1) 螺旋线与螺纹

(1) 螺旋线是沿着圆柱或圆锥表面运动的点的轨迹,该点的轴向位移和相应的角位移成正比(见图 6-1)。这里,我们主要研究的是如图 6-1(a)所示的螺旋线。它可以看作是底边等于圆柱周长即 πd 的直角三角形 ABC 绕圆柱面旋转一周时,斜边 AC 在该表面上所形成的曲线(见图 6-2)。

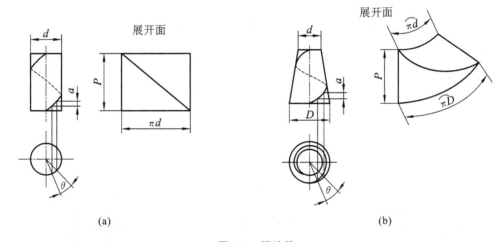

(a)　　　　　　　　　　　　　　　　(b)

图 6-1　螺纹线

(2) 螺纹在圆柱或圆锥表面上,沿着螺旋线所形成的具有规定牙型的连续凸起部分所形成的曲线(见图 6-2)。

在圆柱表面上所形成的螺纹称圆柱螺纹(见图 6-3(a))。

在圆锥表面上所形成的螺纹称圆锥螺纹(见图 6-3(b))。

在圆柱或圆锥外表面上所形成的螺纹称外螺纹(见图 6-4(b))。

在内圆柱或内圆锥表面上所形成的螺纹称内螺纹(见图 6-4(a))。

沿一条螺旋线所形成的螺纹称单线螺纹(见图 6-5(a))。

沿两条或两条以上的螺旋线所形成的螺纹,该螺旋线在轴向等距分布,称多线螺纹(见图 6-5(b)、(c))。

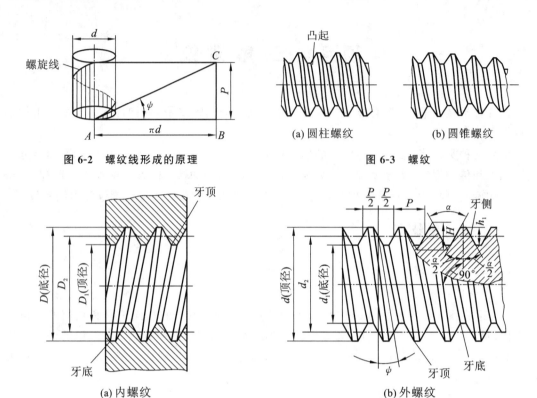

图 6-2　螺纹线形成的原理

图 6-3　螺纹

(a) 圆柱螺纹　　(b) 圆锥螺纹

(a) 内螺纹　　　　　(b) 外螺纹

图 6-4　三角螺纹各部分的名称

顺时针旋转时旋入的螺纹称右旋螺纹(见图 6-5(a)、(c))。

逆时针旋转时旋入的螺纹称左旋螺纹(见图 6-5(b))。

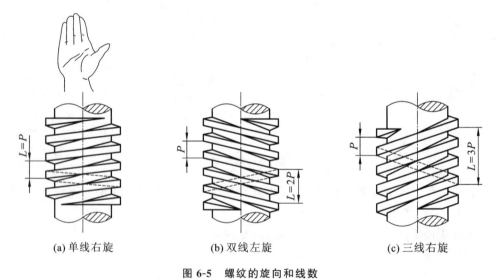

(a) 单线右旋　　　(b) 双线左旋　　　(c) 三线右旋

图 6-5　螺纹的旋向和线数

2) 三角螺纹的种类和用途

三角螺纹按其规格及用途不同,可分为普通螺纹、英制螺纹和管螺纹三种。三角形螺纹常用于固定、连接、调节或测量等。

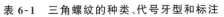

表 6-1 三角螺纹的种类、代号牙型和标注

三角形螺纹种类及牙型代号	外 形 图	内外螺纹旋合牙型放大图	代号标注方法	附 注
普通粗牙螺纹 (GB 197—81) M 普通细牙螺纹 (GB197—81) M			M12-5g6g-S M20 * 2-LH-Bh M20 * 2-LH-Bh/bg	普通粗牙螺纹不注螺距,细牙螺纹多用于薄壁工件,中等旋合长度不标 N
英制螺纹 in(")			1/2in(1/2") 11/2in(11/2")	英制螺纹在进口设备和修配时会遇到。英制螺纹,它以每英寸长度中的牙数来确定其螺距 $P = \mathrm{in} = \dfrac{25.4}{n}$ (mm)
圆柱管螺纹 (GB 7307—1987) G			G11/2A G11/2-LH G11/2G11/2A	外管螺纹中径公差等级分 A、B 两级,上偏差为零、下偏差为负。内管螺纹中径公差等级只有一种
60°圆锥管螺纹 (GB/T 12716—91) NPT			NPT3/8 NPT3/8-LH	内、外管螺纹中径均仅有一种公差带,故不注公差代号
用螺纹密封的管螺纹 (GB 7306 —1987) / 圆锥外螺纹 R			R1/2-LH RC1/2R1/2	内、外螺纹中径只有一种公差带,即:Hb、hb

注:管螺纹大、中、小径都是基面上基本直径、各基本尺寸和参数可在管制螺纹表中查出。

3）普通螺纹要素及各部分名称

螺纹要素由牙型、公称直径、螺距（或导程）、线数、旋向和精度等组成。螺纹的形成、尺寸和配合性能取决于螺纹要素，只有当内、外螺纹的各要素相同时，才能互相配合三角螺纹的各部分名称，如图 6-4 所示。

（1）牙型角（α）是在螺纹牙型上，两相邻牙侧间的夹角。

（2）螺距（P）是相邻两牙在中径线上对应两点间的轴向距离。

（3）导程（L）是在同一条螺旋线上相邻两牙在中径线上对应两点间的轴向距离。当螺纹为单线螺纹时，导程与螺距相等（$L=P$）；当螺纹为多线螺纹时，导程等于螺旋线（n）与螺距（P）的乘积，即 $L=nP$（见图 6-4）。

（4）螺纹大径（d、D）是指与外螺纹牙顶或内螺纹牙底相切的假想圆柱或圆锥的直径。外螺纹大径用 d 表示，内螺纹大径用 D 表示。国家标准规定，螺纹大径的基本尺寸称为螺纹的公称直径，它代表螺纹尺寸的直径。

（5）中径（d_2、D_2）是一个假想圆柱或圆锥的直径，该圆柱或圆锥的素线通过牙型上沟槽和凸起宽度相等的地方，该假想圆柱或圆锥称为中径圆柱或中径圆锥。外螺纹中径用 d_2 表示，内螺纹中径用 D_2 表示。外螺纹的中径和内螺纹的中径相等，即 $d_2=D_2$（见图 6-4）。

（6）螺纹小径（d_1、D_1）是与外螺纹牙底或内螺纹牙顶相切的假想圆柱或圆锥的直径。外螺纹的小径用 d_1 表示，内螺纹的小径用 D_1 表示。

（7）顶径指与外螺纹或内螺纹牙顶相切的假想圆柱或圆锥的直径，即外螺纹的大径或内螺纹的小径。

（8）底径是与外螺纹或内螺纹牙底相切的假想圆柱或圆锥的直径，即外螺纹的小径或内螺纹的大径。

（9）原始三角形高度（H）指由原始三角形顶点沿垂直于螺纹轴线方向到其底边的距离（见图 6-6）。

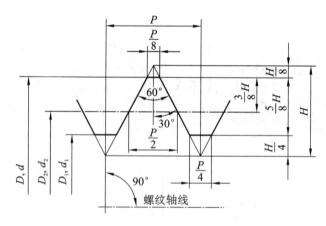

图 6-6　普通三角螺纹牙型

（10）螺旋升角（ψ）是在中径圆柱或中径圆锥上螺旋线的切线与垂直于螺纹轴线的平面的夹角（见图 6-4）。

螺纹升角可按下式计算：

$$\tan(\phi) = \frac{np}{\pi d_2} = \frac{L}{\pi d_2}$$

式中:n——螺旋线数;

　　P——螺距,mm;

　　d_2——中径,mm;

　　L——导程,mm。

4) 三角螺纹尺寸计算

普通三角螺纹牙型如图 6-6 所示,尺寸计算公式参见表 6-2,普通螺纹直径与螺距系列见附表 1 所示。

如图 6-7 所示为英制螺纹牙型。

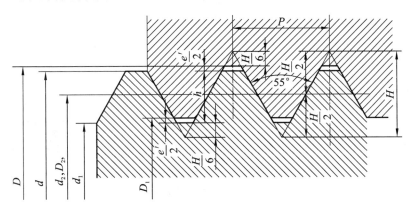

图 6-7　英制螺纹牙型

表 6-2　普通三角螺纹的尺寸计算 mm

名　　称		代　号	计　算　公　式
外螺纹	牙型角	a	$60°$
	原始三角形高度	H	$H = 0.866P$
	牙型高度	h	$H = \frac{5}{8} \times 0.866P = 0.5413P$
	中径	d_2	$d_2 = d - 2 \times \frac{3}{8}H = d - 0.6495P$
	小径	d_1	$d_1 = d - 2h = d - 1.0825P$
内螺纹	中长	D_2	$D_2 = d_2$
	小径	D_1	$D_1 = d_1$
	大径	D	$D = d = 公称直径$
螺纹升角		ϕ	$\tan\phi = \frac{nP}{\pi d_2}$

【**例 6-1**】　计算普通外螺纹 M16 各部分尺寸。

解:已知 $d = 16$ mm,M16 为普通粗牙螺纹,查附表 7 知其螺距 $P = 2$ mm,依表 6-2 有

$$d_2=D_2=d-0.6459P=(16-0.6459\times2)\ \text{mm}=14.701\ \text{mm}$$

$$d_1=D_1=d-1.0825P=(16-1.0825\times2)\ \text{mm}=13.835\ \text{mm}$$

$$H=0.866P=(0.866\times2)\ \text{mm}=1.732\ \text{mm}$$

$$h=0.5413P=(0.5413\times2)\ \text{mm}=1.083\ \text{mm}$$

$$H/4=(1.732/4)\ \text{mm}=0.433\ \text{mm},H/8=0.2165\ \text{mm}$$

5）普通螺纹公差

（1）螺纹互换性的基本概念。

为了保证螺纹具有互换性,普通螺纹按内、外螺纹的中径、大径和小径公差的大小分为不同的公差等级。但实际上内、外螺纹在配合时,是在中径附近的螺纹面上接触,而在牙顶和牙底处都留有间隙(见图6-8)。所以,标准对外螺纹的大径和内螺纹的小径规定了较大的公差。因此,影响配合性质的主要是螺纹中径的实际尺寸。另外螺纹的螺距和牙型误差都可以通过改变中径尺寸得到补偿,对于精度要求不高的配合螺纹,不会影响其旋入性。

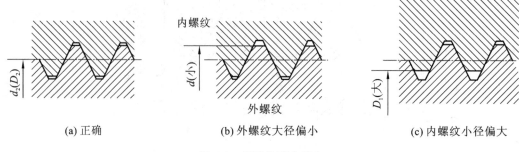

(a) 正确　　　　　　(b) 外螺纹大径偏小　　　　　　(c) 内螺纹小径偏大

图6-8　螺纹的配合状态

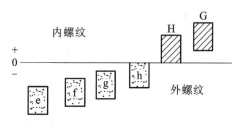

图6-9　螺纹公差带的位置

（2）普通螺纹公差位置和基本偏差。

国家标准规定,内、外螺纹公差带的位置由基本偏差确定,外螺纹的上偏差(es)和内螺纹的下偏差(EI)为基本偏差。如图6-9所示,对内螺纹公差带规定了G和H两种位置,对外螺纹规定了e、f、g、h四种位置。H和h的基本偏差为零,即螺纹配合最小间隙为零。G的基本偏差为正值,e、f、g的

基本偏差为负值,即保证具有配合间隙的螺纹。螺纹的基本牙型是计算螺纹偏差的基准。内外螺纹公差带相对基本牙型的位置与圆柱体公差带一样,由基本偏差带和公差来确定。

对于外螺纹：　　　　　　　　上偏差 es＝基本偏差

　　　　　　　　　　　　　　下偏差 ei＝es－T

对于内螺纹：　　　　　　　　下偏差 EI＝基本偏差

　　　　　　　　　　　　　　上偏差 ES＝EI＋T

式中：T——螺纹公差。

（3）普通螺纹公差带的大小和公差带等级。

螺纹公差带的大小由公差值T确定,并按其大小分若干等级,公差等级用阿拉伯数字表示。对外螺纹的小径和内螺纹的大径不规定具体公差数值。内、外螺纹公差等级和数值如表6-3及表6-4所示。

表 6-3　三角形螺纹的基本偏差和小径、大径公差（摘自 GB/T 197—2003）　　　μm

螺距 P/mm	内外螺纹的基本偏差						内螺纹小径公差（T_{D_1}）					外螺纹大径公差（T_d）		
	内螺纹 $D1、D2$		外螺纹 $d1、d2$				公差等级							
	G EI	H EI	e es	f es	g es	h es	4	5	6	7	8	4	5	6
0.2	+17	0	—	—	—17	0	38	—	—	—	—	36	56	—
0.25	+18	0	—	—	—18	0	45	56	—	—	—	42	67	—
0.3	+18	0	—	—	—18	0	53	67	85	—	—	48	75	—
0.35	+19	0	—	—34	—19	0	63	80	100	—	—	53	85	—
0.4	+19	0	—	—34	—19	0	71	90	112	—	—	60	95	—
0.45	+20	0	—	—35	—20	0	80	100	125	—	—	63	100	—
0.5	+20	0	—50	—36	—20	0	90	112	140	180	—	67	106	—
0.6	+21	0	—53	—36	—21	0	100	125	160	200	—	80	125	—
0.7	+22	0	—56	—38	—22	0	112	140	180	224	—	90	140	—
0.75	+22	0	—56	—38	—22	0	118	150	190	236	—	90	140	—
0.8	+24	0	—60	—38	—24	0	125	160	200	250	315	95	150	236
1	+26	0	—60	—40	—26	0	150	190	236	300	375	112	180	280
1.25	+28	0	—63	—42	—28	0	170	212	265	335	425	132	212	335
1.5	+32	0	—67	—45	—32	0	190	236	300	375	475	150	236	375
1.75	+34	0	—71	—48	—34	0	212	265	335	425	530	170	265	425
2	+38	0	—71	—52	—38	0	236	300	375	475	600	180	280	450
2.5	+42	0	—80	—58	—42	0	280	355	450	560	710	212	335	530
3	+48	0	—85	—63	—48	0	315	400	500	630	800	236	375	600
3.5	+53	0	—90	—70	—53	0	355	450	560	710	900	265	425	670
4	+60	0	—95	—75	—60	0	375	475	600	750	950	300	475	750
4.5	+63	0	—100	—80	—63	0	425	530	670	850	1 060	315	500	800
5	+71	0	—106	—85	—71	0	450	560	710	900	1 120	335	530	850
5.5	+75	0	—112	—90	—75	0	475	600	750	950	1 180	355	560	900
6	+80	0	—118	—95	—80	0	500	630	800	1000	1 250	375	600	950
8	+100	0	—140	—118	—100	0	630	800	1000	1 250	1 600	450	710	1 180

表 6-4　三角形螺纹中径公差（摘自 GH197—81）　　　　　　　　　　　　　μm

公称直径 D/mm >	公称直径 D/mm ≤	螺距 P/mm	内螺纹中径公差（T_{D_2}）公差等级 4	5	6	7	8	*外螺纹中径公差（T_{d_2}）公差等级 3	4	5	6	7	8	9
0.99	1.4	0 2	40	—	—	—	—	24	30	38	48	—	—	—
		0.25	45	56	—	—	—	26	34	42	53	—	—	—
		0 3	48	60	75	—	—	28	36	45	56	—	—	—
1.4	2 8	0 2	42	—	—	—	—	25	32	40	50	—	—	—
		0 25	48	60	—	—	—	28	36	45	56	—	—	—
		0 35	53	67	85	—	—	32	40	50	63	80	—	—
		0 4	56	71	90	—	—	34	42	53	67	85	—	—
		0 45	60	75	95	—	—	36	45	56	71	90	—	—
2.8	5 6	0.35	56	71	90	—	—	34	42	53	67	85	—	—
		0 5	63	80	100	125	—	38	48	60	75	95	—	—
		0 6	71	90	112	140	—	42	53	67	85	106	—	—
		0.7	75	95	118	150	—	45	56	71	90	112	—	—
		0 75	75	95	118	150	—	45	56	71	90	112	—	—
		0.8	80	100	125	160	200	48	60	75	95	118	150	190
5 6	11.2	0 75	85	106	132	170	—	50	63	80	100	125	—	—
		1	95	118	150	190	236	56	71	90	112	140	180	224
		1 25	100	125	160	200	250	60	75	95	118	150	190	236
		1 5	112	140	180	224	280	67	85	106	132	170	212	265
11 2	22 4	1	100	125	160	200	250	60	75	95	118	150	190	236
		1 25	112	140	180	224	280	67	85	106	132	170	212	265
		1.5	118	150	190	236	300	71	90	112	140	180	224	280
		1 75	125	160	200	250	315	75	95	118	150	190	236	300
		2	132	170	212	265	335	80	100	125	160	200	250	315
		2 5	140	180	224	280	355	85	106	132	170	212	265	335
22.4	45	1	106	132	170	212	—	63	80	100	125	160	200	250
		1.5	125	160	200	250	315	75	95	118	150	190	236	300
		2	140	180	224	280	355	85	106	132	170	212	265	335
		3	170	212	265	335	425	100	125	160	200	250	315	400
		3.5	180	224	280	355	450	106	132	170	212	265	335	425
		4	190	236	300	375	475	112	140	180	224	280	355	450
		4.5	200	250	315	400	500	118	150	190	236	300	375	475

公称直径 D/mm		螺距 P/mm	内螺纹中径公差（T_{D_2}）					＊外螺纹中径公差（T_{d_2}）						
			公差等级					公差等级						
>	≤		4	5	6	7	8	3	4	5	6	7	8	9
45	90	1.5	132	170	212	265	335	80	100	125	160	200	250	315
		2	150	190	236	300	375	90	112	140	180	224	280	355
		3	180	224	280	355	450	106	132	170	212	265	335	425
		4	200	250	315	400	500	118	150	190	236	300	375	475
		5	212	265	335	425	530	125	160	200	250	315	400	500
		5.5	224	280	355	450	560	132	170	212	265	335	425	530
		6	236	300	375	475	600	140	180	224	280	355	450	560
90	180	2	160	200	250	315	400	95	118	150	190	236	300	375
		3	190	236	300	375	475	112	140	180	224	280	355	450
		4	212	265	335	425	530	125	160	200	250	315	400	500
		6	250	315	400	500	630	150	190	236	300	375	475	600
		8	280	355	450	560	710	170	212	265	335	425	530	670
180	355	3	212	265	335	425	530	125	160	200	250	315	400	500
		4	236	300	375	475	600	140	180	224	280	355	450	560
		6	265	335	425	530	670	160	200	250	315	400	500	630
		8	300	375	475	600	750	180	224	280	335	450	560	710

（4）螺纹公差带的选用与配合。

在生产中，为了减少刀、量具的规格和数量，应对公差带的种类加以限制，公差带的选用如表 6-5 及表 6-6 所示。

表 6-5　内螺纹的推荐公差带

公差精度	公差带位置 G			公差带位置 H		
	S	N	L	S	N	L
精密	—	—	—	4H	5H	6H
中等	(5G)	6G	(7G)	5H	6H	7H
粗糙	—	(7G)	(8G)	—	7H	8H

表 6-6　外螺纹的推荐公差带

公差精度	公差带位置 e			公差带位置 f			公差带位置 g			公差带位置 h		
	S	N	L	S	N	L	S	N	L	S	N	L
精密	—	—	—	—	—	—	—	(4g)	(5g4g)	(3h4h)	4h	(5h6h)
中等	—	6e	(7e6e)	—	6f	—	(5g6g)	6g	(7g6g)	(5h6h)	6h	(7h6h)
粗糙	—	(8e)	(9e8e)	—	—	—	—	8g	(9g8g)	—	—	—

表中规定了精密、中等、粗糙三类,选用时可按下述原则考虑:

① 精密:用于精密螺纹,当要求配合性质变动较小时采用。

② 中等:用于一般用途的螺纹。

③ 粗糙:在螺纹精度要求不高或制造比较困难时采用。

内外螺纹选用的公差虽然可以任意组合成各种配合状态,但为了保证足够的接触精度,零件最好组成 H/g、H/h 或 G/h 的配合。

(5)螺纹的旋合长度。

两个相互配合的螺纹沿螺纹轴线方向相互旋合部分的长度称为螺纹的旋合长度。

表 6-7 螺纹的旋合长度   mm

公称直径 D、d		螺距 P	旋 合 长 度			
			S	N		L
>	≤		≤	>	≤	>
0.99	1.4	0 2	0 5	0.5	1 4	1 4
		0.25	0.6	0.6	1.7	1 7
		0.3	0 7	0.7	2	2
1.4	2 8	0 2	0 5	0.5	1.5	1 5
		0.25	0.6	0 6	1.9	1.9
		0.35	0.8	0.8	2.6	2.6
		0.4	1	1	3	3
		0.45	1 3	1.3	3.8	3 8
2.8	5 6	0.35	1	1	3	3
		0.5	1.5	1.5	4.5	4 5
		0 6	1.7	1 7	5	5
		0.7	2	2	6	6
		0.75	2.2	2 2	6.7	6.7
		0 8	2.5	2.5	7 5	7 5
5.6	11 2	0 75	2.4	2.4	7.1	7.1
		1	3	3	9	9
		1 25	4	4	12	12
		1 5	5	5	15	15
11.2	22.4	1	3 8	3.8	11	11
		1 25	4 5	4.5	13	13
		1.5	5.6	5.6	16	16
		1.75	6	6	18	18
		2	8	8	24	24
		2.5	10	10	30	30

公称直径 D、d		螺距 P	旋合长度			
			S	N		L
>	≤		≤	>	≤	>
22.4	45	1	4	4	12	12
		1.5	6.3	6.3	19	19
		2	8.5	8.5	25	25
		3	12	12	36	36
		3.5	15	15	45	45
		4	18	18	53	53
		4.5	21	21	63	63
45	90	1.5	7.5	7.5	22	22
		2	9.5	9.5	28	28
		3	15	15	45	45
		4	19	19	56	56
		5	24	24	71	71
		5.5	28	28	85	85
		6	32	32	95	95
90	180	2	12	12	36	36
		3	18	18	53	53
		4	24	24	71	71
		6	36	36	106	106
		8	45	45	132	132
180	355	3	20	20	60	60
		4	26	26	80	80
		6	40	40	118	118
		8	50	50	150	150

螺纹的旋合长度分为三组,分别称为短旋合长度(S)、中等旋合长度(N)和长旋合长度(L),一般情况下应用中等旋合长度。由于螺纹的公称直径和螺距不同,同一组旋合长度中,其长度值也不相同,其数值如表 6-7 所示。

(6) 螺纹的标注方法。

螺纹的完整标记由螺纹特征代号、螺纹公差代号和旋合长度代号所组成。按国家标准规定:

① 螺纹公称直径和螺距用数字表示。细牙普通螺纹、梯形螺纹和锯齿形螺纹必须加注螺距(其他螺纹不标注)。

② 多线螺纹在公称直径后面需要标出"导程/线数"(单线螺纹不标注)。

③ 左旋螺纹必须注出"LH"字样(右旋螺纹不标注)。

④ 螺纹公差带代号包括中径公差带代号与顶径公差带代号。公差带代号由表示其大小的公差等级数字和表示其位置的基本偏差字母所组成。

⑤ 必要时,在螺纹公差带代号之后加注旋合长度代号。特殊需要时可注明旋合长度的数值。如:M12-5g6g-S,表示短旋合长度;M16×1.5-5g6g-30,表示旋合长度为 30 mm。标准螺纹的规定代号及示例如图 6-10 所示。

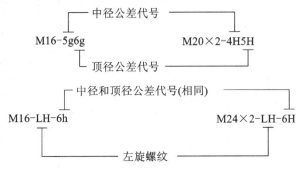

图 6-10　标准螺纹的规定代号及示例

⑥ 公差表格应用实例。

【例 6-2】　查出 M16-5g6g 螺纹公差带。

解:由标记可以看出,为外粗牙螺纹,其螺距 $P=2$ mm,$d_2=14.79$ mm,按外螺纹计算:

查表 6-3,g 的基本偏差 es$=-0.038$ mm

公差等级为 5 时,中径公差 $Td_2=0.125$ mm

公差等级为 6 时,大径公差 $Td_2=0.28$ mm

所以:中径上偏差 es$=-0.038$ mm

中径下偏差 ei$=$es$-Td_2=(-0.038-0.125)$ mm$=-0.163$ mm

大径上偏差 es$=-0.038$ mm

大径下偏差 ei$=$es$-Td=(-0.038-0.28)$ mm$=-0.318$ mm

即,中径为 $\phi14.701^{-0.038}_{-0.163}$ mm,大径为 $\phi16^{-0.038}_{-0.318}$ mm。

2. 三角形螺纹车刀及刃磨

1)螺纹车刀材料的选择

按车刀切削部分的材料分为高速钢螺纹车刀、硬质合金螺纹车刀两种。

(1)高速钢螺纹车刀刃磨方便,切削刃锋利,韧性好,刀尖不易崩裂,车出的螺纹表面粗糙度值小。但它的热稳定性差,不宜高速车削,所以常用在低速切削或作为螺纹精车刀。

(2)硬质合金螺纹车刀硬度高,耐磨性好,耐高温,热稳定性好。但它的抗冲击能力差,因此,硬质合金螺纹车刀适用于高速切削。

2)螺纹升角对车刀角度的影响

由于受螺纹升角的影响和车刀径向前角的存在,加工螺纹时车刀两侧切削刃不通过工件的轴线,因此车出的螺纹牙侧不是直线,而是曲线。由此可见,螺纹车刀工作角度比一般车刀角度要复杂得多。

(1)螺纹升角对车刀侧刃后角的影响。

车螺纹时,由于螺纹升角的影响,引起切削平面和基面位置的变化,从而使车刀工作时的前角和后角与车刀静止时的前角和后角的数值不相同,如图 6-11 所示。螺纹升角越大,对工作时的前角和后角的影响越明显。三角形螺纹的螺纹升角一般比较小,影响也较小,但在车削矩形、梯形螺纹和螺距较大的螺纹时影响就比较大。因此,在刃磨螺纹车刀时,必须注意此影响。

由于螺纹升角会使车刀沿进给方向一侧的工作后角变小,使另一侧工作后角增大。为了避免车刀后面与螺纹牙侧发生干涉,保证切削顺利进行,应将车刀沿进给方向一侧的后角 α_{oL} 磨成工作后角加上螺纹升角,即 $\alpha_{oL}=(3°\sim5°)+\psi$;为了保证车刀强度,应将车刀背着进给方向一侧的后角 α_{oR} 磨成工作后角减去螺纹升角,即 $\alpha_{oR}=(3°\sim5°)-\psi$。车削左旋螺纹时,情况正好相反。

（2）螺旋升角对车刀两侧前角的影响。

由于螺旋升角的影响,基面位置发生了变化,从而使车刀两侧的工作前角也与静止前角的数值不相同。虽然螺旋升角对三角形螺纹车刀两侧前角的影响在刃磨螺纹车刀时不做修正,但在车刀装夹时,必须给予充分的注意。

如果车刀两侧刃磨前角均为 0°,车削右旋螺纹时,左刀刃在工作时是正前角,切削比较顺利,而右刀刃在工作时是负前角,切削不顺利,排屑也困难,如图 6-12 中 a 所示。为了改善上述状况,可用如图 6-12 中 b 所示的方法,将车刀两侧切削刃组成的平面垂直于螺旋线装夹,这时两侧刀刃的工作前角都为 0°;或在前刀面上沿两侧切削刃上磨出较大前角的卷屑槽（见图 6-12c、d）,使切削顺利进行,并有利于排屑。

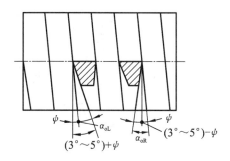

图 6-11 螺纹升角对车刀两侧后角的影响

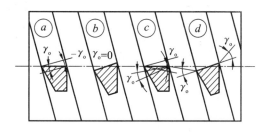

图 6-12 螺纹升角对车刀两侧前角的影响

（3）径向前角 γ_p 对车削螺纹牙型角的影响。

当径向前角 $\gamma_p=0°$ 时,螺纹车刀的刀尖角 ε_r 应等于螺纹的牙型角 α。车削螺纹时,由于车刀排屑不畅,致使螺纹表面粗糙度值较大,影响加工精度。

若径向前角 γ_p 大于 0°,虽然排屑比较顺利,且可减少积屑瘤现象,但由于螺纹车刀两侧切削刃不与工件轴向重合,使得车出工件的螺纹牙型角 α 大于车刀的刀尖角 ε_r。径向前角 γ_p 越大,牙型角的误差也越大。同时,还会使车削出的螺纹牙型在轴向剖面内不是直线,而是曲线,会影响螺纹副的配合质量。

所以,车削精度要求较高的螺纹时,其精车刀刀尖角应等于螺纹的牙型角,两侧切削刃必须是直线,且径向前角应取得较小（$\gamma_p=0°\sim5°$）,才能车出较正确的牙型。

若车削精度要求不高的螺纹,其车刀允许磨出较大的径向前角（$5\sim15°$）,但必须对车刀两刃夹角 ε_r 进行修正,其修正值可参见表 6-8,也可根据图 6-13 按下式进行修正计算:

$$\tan\frac{\varepsilon_r'}{2}=\cos\gamma_p\tan\frac{\alpha}{2}$$

式中：α——螺纹的牙型角；

　　　γ_p——螺纹的径向前角；

　　　$\varepsilon_r'-\gamma_p=0°$时的车刀两刃夹角；

　　　$\varepsilon_r-\gamma_p\neq0°$时的车刀两刃夹角。

表 6-8　前刀面上的刀尖角 ε_r' 修正值

前刀面上的刀尖角 ε_r' / 径向前角 γ_p ＼ 牙型角 α	60°	55°	40°	30°	29°
0°	60°	55°	40°	30°	29°
5°	59°48′	54°48′	39°51′	29°53′	28°53′
10°	59°14′	54°16′	39°33′	29°33′	28°34′
15°	58°18′	53°23′	38°44′	29°1′	28°3′
20°	56°57′	52°8′	37°45′	28°16′	29°19′

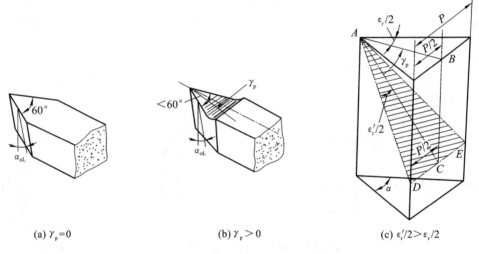

(a) $\gamma_p=0$　　　　(b) $\gamma_p>0$　　　　(c) $\varepsilon_r'/2>\varepsilon_r/2$

图 6-13　螺纹车刀径向前角及其影响

注意，车刀两刃夹角与刀尖角不同，两刃在基面上的投影之间的夹角才叫刀尖角。

据此，在刃磨具有径向前角的螺纹车刀，用图 6-14 所示样板检查车刀刀尖时，应将样板与车刀底平面平行，再用透光法检查。这样测出来的才是刀尖角，而不能将样板与刀刃平行来检验。因为那样检测到的并不是刀尖角，而实际刀尖角小于牙型角。

必须指出，具有较大的径向前角的螺纹车刀，除了产生螺纹牙型变形以外，车削时还会产生一个较大的切削抗力的径向分力（F_y），如图 6-15 所示，这个分力有把车刀拉向工件里面的趋势。如果中滑板丝杠与螺母间隙较大，则容易产生"扎刀现象"。

（4）常用各种形式三角螺纹车刀（见图 6-16）。

① 外螺纹车刀。

高速钢螺纹车刀，刃磨比较方便，切削刃容易磨得锋利，而且韧性较好，刀尖不易崩裂。常用于车削塑性材料、大螺距螺纹和精密丝杠等工件。常见的高速钢外螺纹车刀的几何形状如图 6-17 所示。

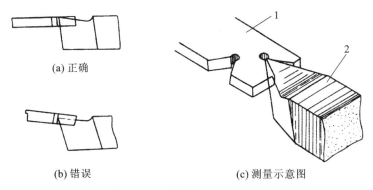

(a) 正确

(b) 错误

(c) 测量示意图

图 6-14 用样板修正两刃夹角

1—样板；2—螺纹车刀

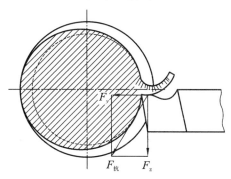

图 6-15 径向分力 F_y 使螺纹车刀扎入工件的趋势

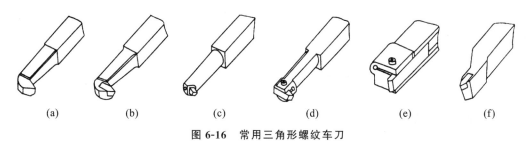

(a)   (b)   (c)   (d)   (e)   (f)

图 6-16 常用三角形螺纹车刀

(a)、(b)—整体式内螺纹车刀；(c)、(d)—装配式内螺纹车刀；(e)—装配式外螺纹车刀；(f)—整体式外螺纹车刀

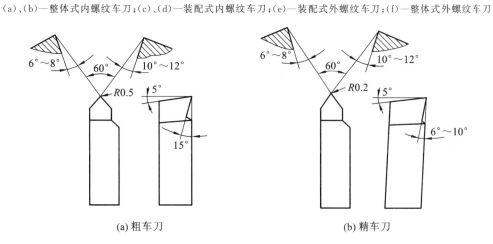

(a) 粗车刀

(b) 精车刀

图 6-17 高速钢三角形外螺纹车刀

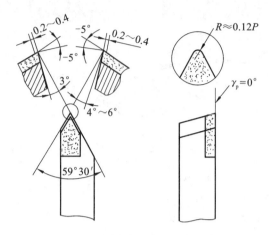

图 6-18　硬质合金三角形外螺纹车刀

由于高速钢车刀刃磨时易退火，在高温下车削时易磨损。所以加工脆性材料（如铸铁）或高速切削塑性材料及加工批量较大的螺纹工件时，应选用如图 6-18 所示硬度高、耐磨性好、耐高温的硬质合金螺纹车刀，该车刀的径向前角 $\gamma_o = 0°$，后角 α_o 为 $4° \sim 6°$，在加工较大的螺距（$P > 2$ mm），或被加工材料硬度较高时，在车刀的两个主刀刃上磨有宽 $0.2 \sim 0.4$ mm、$\gamma_{o1} = -5°$ 的倒棱。因为在高速切削时，牙型角会扩大，所以刀尖角要适当减少 $30'$，另外车刀的前刀面及后刀面的表面粗糙度值必须很小。

② 内螺纹车刀。

根据所加工内孔的结构特点来选择合适的内螺纹车刀。由于内螺纹车刀的大小受内螺纹孔径的限制，所以内螺纹车刀刀体的径向尺寸应比螺纹孔径小 $3 \sim 5$ mm，否则退刀时易碰伤牙顶，甚至无法车削。

此外，在车内圆柱面时，曾重点提到有关提高内孔车刀的刚性和解决排屑问题的有效措施，在选择内螺纹车刀的结构和几何形状时也应给予充分的注意。

高速钢内螺纹车刀的几何角度如图 6-19 所示，硬质合金内螺纹车刀的几何角度如图 6-20 所示。内螺纹车刀除了其刀刃几何形状应具有外螺纹刀尖的几何形状特点外，还应具有内孔刀的特点。

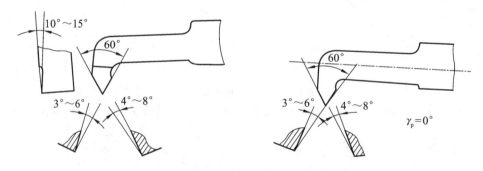

图 6-19　高速钢内螺纹车刀的几何角度

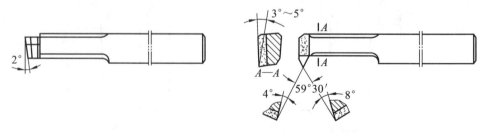

图 6-20　硬质合金内螺纹车刀的几何角度

3）三角形螺纹车刀的刃磨

由于螺纹车刀的刀尖受刀尖角的限制,刀体面积较小,因此刃磨时比一般车刀更难以正确掌握。

（1）刃磨螺纹车刀的四点要求。

① 当螺纹车刀径向前角 $\gamma_p = 0°$ 时,刀尖角应等于牙型角;当螺纹车刀径向前角 $\gamma_p > 0°$ 时,刀尖角必须修正。

② 螺纹车刀两侧切削刃必须是直线。

③ 螺纹车刀切削刃应具有较小的表面粗糙度值。

④ 螺纹车刀两侧后角是不相等的,应考虑车刀进给方向的后角受螺纹升角的影响而加减一个螺纹升角 ϕ。

（2）螺纹车刀的具体刃磨步骤。

① 先粗磨前刀面;

② 磨两侧后刀面,以初步形成两刃夹角。其中先磨进给方向侧刃(控制刀尖半角 $\varepsilon_r/2$ 及后角 $\alpha_o + \varphi$),再磨背进给方向侧刃(控制刀尖角 ε_r 及后角 $\alpha_o - \varphi$);

③ 精磨前刀面,以形成前角;

④ 精磨后刀面,刀尖角用螺纹车刀样板来测量,能得到正确的刀尖角(见图 6-19);

⑤ 修磨刀尖,刀尖侧棱宽度约为 $0.1P$;

⑥ 用油石研磨刀刃处的前后面(注意保持刃口锋利)。

（3）刃磨时应注意的问题。

① 刃磨时,人的站立姿势要正确。在刃磨整体式内螺纹车刀内侧时,易将刀尖磨歪。

② 磨削时,两手握着车刀与砂轮接触的径向压力应不小于一般车刀。

③ 磨外螺纹车刀时,刀尖角平分线应平行刀体中线;磨内螺纹车刀时,刀尖角平分线应垂直于刀体中线。

④ 车削高阶台的螺纹车刀,靠近高阶台一侧的刀刃应短些,否则易擦伤轴肩,如图 6-21 所示。

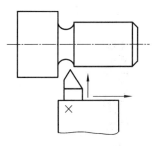

图 6-21　车削高阶台螺纹车刀

⑤ 粗磨时也要用车刀样板检查。对径向前角 $\gamma_p > 0°$ 的螺纹车刀,粗磨时两刃夹角应略大于牙型角。待磨好前角后,再修磨两刃夹角。

⑥ 刃磨刀刃时,要稍带做左右、上下的移动,这样容易使刀刃平直。

⑦ 刃磨车刀时,一定要注意安全。

3. 螺纹的测量

标准螺纹应具有互换性,特别对螺距、中径尺寸要严格控制,否则螺纹副无法配合。根据不同的质量要求和生产批量的大小,相应地选择不同的测量方法,常见的测量方法有单项测量法和综合测量法两种。

1）单项测量法

单项测量是选择合适的量具来测量螺纹的某一项参数的精度。常见的有测量螺纹的顶径、螺距和中径。

（1）顶径测量　由于螺纹的顶径公差较大，一般只需用游标卡尺测量即可。

（2）螺距测量　在车削螺纹时，螺距的正确与否，从第一次纵向进给运动开始就要进行检查。可用第一刀在工件上划出一条很浅的螺旋线，用钢直尺或游标卡尺进行测量（见图6-22）。

螺距最后测量也可用螺距规或钢直尺测量。用钢直尺测量时，可多测几个螺距长度，然后取其平均值，如图6-22所示。用螺距规测量时，应将螺距规沿着通过工件轴线的平面方向嵌入牙槽中，如完全吻合，则说明被测螺距是正确的，如图6-23所示。

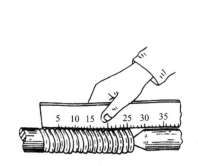

图 6-22　用钢直尺测量螺距

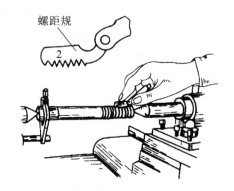

图 6-23　用螺矩规测量螺距

（3）中径测量　三角形螺纹的中径可用螺纹千分尺测量，如图6-24所示。螺纹千分尺的结构和使用方法与一般千分尺相似，其读数原理与一般千分尺相同，只是它有两个可以调整的测量头（上测量头、下测量头）。在测量时，两个与螺纹牙型角相同的测量头正好卡在螺纹牙侧，这样所得到的千分尺读数就是螺纹中径的实际尺寸。

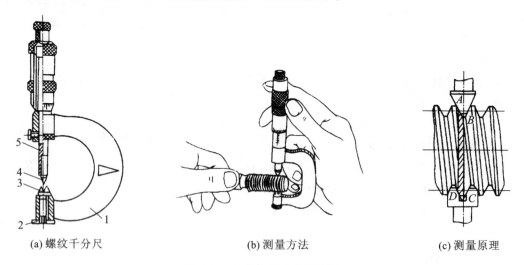

(a) 螺纹千分尺　　　　　　(b) 测量方法　　　　　　(c) 测量原理

图 6-24　三角形螺纹中径测量

1—尺架；2—占座；3—下测量头；4—上测量头；5—测微螺杆

螺纹千分尺附有两套（牙型角分别为60°和55°）适用于不同螺纹的螺距测量头，可根据需要进行选择。测量头插入千分尺的轴杆和砧座的孔中，更换测量头之后，必须调整砧座的位置，使千分尺对准零位（若需要对普通螺纹中径进行三针测量，请参阅梯形螺纹测量部分内容）。

2）综合测量

综合测量是采用螺纹量规对螺纹各部分主要尺寸同时进行综合检验的一种测量方法。这种方法效率高,使用方便,能较好地保证互换性,广泛应用于对标准螺纹或大批量生产的螺纹工件的测量。

螺纹量规包括螺纹环规和螺纹塞规两种,而每一种又有通规和止规之分,如图 6-25 所示。螺纹环规用来测量外螺纹,螺纹塞规用来测量内螺纹。测量时,如果通规刚好能旋入而止规不能旋入,则说明螺纹精度合格。对于精度要求不高的螺纹,也可以用标准螺母和螺杆来检验,以其旋入工件时是否顺利和松动的程度来确定是否合格。

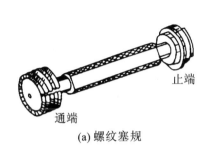

(a) 螺纹塞规　　　　　　　　　　　　(b) 螺纹环规

图 6-25　螺纹量规

4. 三角形螺纹的车削方法及技能训练

1）车削三角形螺纹的方法

车削三角形螺纹的方法有低速和高速车削两种,低速车削使用高速钢螺纹车刀,高速车削使用硬质合金螺纹车刀。低速车削精度高,表面粗糙度高,但效率低。高速车削效率可达低速车削的几倍,只要方法得当,也可获得较高的表面粗糙度。要车好螺纹,除了解和掌握在车床上三角形螺纹的形成原理(见图 6-26)和加工方法外,还应正确选择车刀几何角度与刃磨、车刀的安装、车床的调整和交换齿轮的计算,并正确搭配交换齿轮;此外,还要掌握车螺纹的进给方向、切削用量、冷却润滑以及车削各种三角形内、外螺纹的基本计算和测量方法等。

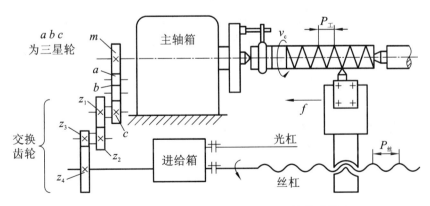

图 6-26　CA6140 型车床车削螺纹进给系统传动原理

（1）车床的调整。

① 调整车床手柄的位置。车削常用螺距或导程的螺纹时,可根据所车螺距或导程在进

给箱的铭牌上找到相应的手柄位置参数,并把手柄拨到所需的位置。

在 CA6140 型车床上车削常用螺距的螺纹时,可按照 CA6140 型车床进给箱上铭牌的螺距范围,交换手柄的位置。

例如:车削螺距 $P=2.5$ mm 的米制螺纹时,进给手柄的位置如何交换呢?如图 6-27 所示,找到手柄所应处的位置,然后在如图 6-27 所示的进给箱上将手柄 Ⅰ 置于 B 上,将手柄 2 置于 Ⅱ 处,将手轮 3 拉出转动到 6 与"▽"相对的位置后,便可以车削。此时,交换齿轮箱中齿轮分别是:A=63 齿,B=100 齿,C=75 齿。在 CA6140 型车床车削精密和特殊螺距的螺纹时,可用直接丝杠机构。直接丝杠机构手柄位置如图 6-27 所示,即将手柄 1 置于 D 上,手柄 2 置于 Ⅴ 处,使由交换齿轮箱输入进给箱的运动直接与丝杠连接。其交换齿轮计算方法见第十单元有关内容。

② 调整滑板间隙。车削螺纹时,床鞍和中、小滑板镶条的配合间隙既不能太松,又不能太紧。太紧时,摇动滑板费力;太松时,容易产生"扎刀"现象。

③ 检查丝杠与开合螺母啮合是否到位,以防车削时产生乱牙,如图 6-28 所示。

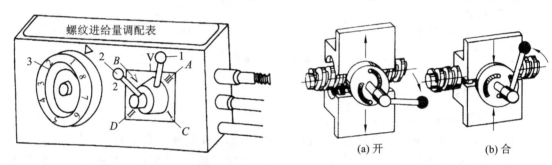

图 6-27　进给箱上的手柄位置(CA6140 型)　　图 6-28　开合螺母示意图

(a) 开　　(b) 合

(2) 切削液的选用。

根据螺纹加工要求、工件材料、刀具材料和工艺要求等具体情况合理选用。

2) 车削三角形外螺纹的方法

在圆柱表面上车出螺旋槽的过程中,除了上述准备工作外,由于三角形螺纹车刀刀尖强度较差,工作条件恶劣,加之两侧切削刃同时参加切削,则会产生较大切削抗力,将引起工件振动,影响加工精度和表面粗糙度。所以在进刀方法上应根据不同的加工要求、零件的材质和螺纹的螺距大小来选择合适的进刀方法。

(1) 低速车削三角形外螺纹。

① 直进法。

车削时只用中滑板横向进给(见图 6-29(a)),在几次行程后,把螺纹车到所需求的尺寸和表面粗糙度,这种方法叫直进法,适于 $P<3$ mm 的三角形螺纹粗、精车。

② 左右切削法。

车螺纹时,除中滑板作横向进给外,同时用小滑板将车刀向左或向右做微量移动(俗称借刀或赶刀),经几次行程后把螺纹牙型车好,这种方法叫左右切削法(见图 6-29(b))。

采用左右切削法车螺纹时,车刀只有一个面进行切削,这样刀尖受力小,受热情况均有改善,不易引起"扎刀",可相对提高切削用量。但操作较复杂,牙型两侧的切削余量应合理

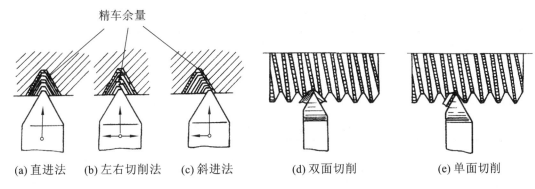

(a) 直进法　　(b) 左右切削法　　(c) 斜进法　　(d) 双面切削　　(e) 单面切削

图 6-29　低速车削三角形外螺纹的进刀方法

分配。车外螺纹时,大部分余量在顺向走刀方向一侧切去;车内螺纹时,为了改善刀柄受力变形,大部分余量应在尾座一侧切去。在精车时,车刀左右进给量一定要小,否则容易造成牙底过宽或不平。此方法适用于除车削梯形螺纹以外的各类螺纹的粗、精车。

③ 斜进法。

当螺距较大,螺纹槽较深,切削余量较大时,粗车为了操作方便,除中滑板直进外,小滑板只向一个方向移动,这种方法叫斜进法(见图 6-29(c))。此法一般只用于粗车,且每边牙侧留约 0.2 mm 的精车余量。精车时,则应采用左右切削法。具体方法是将一侧车到位后,再移动车刀精车另一侧,当两侧面均车到位后,再将车刀移至中间位置,用直进法把牙底车到位,以保证牙底清晰。

用左右切削法和斜进法车螺纹时,因车刀是单刃切削,不易产生"扎刀",还可获得较小的表面粗糙度值。但借刀量不能太大,否则会将螺纹车乱或牙顶车尖。

(2) 高速车削三角形外螺纹。

高速车削三角形外螺纹,只能采用直进法,而不能采用左右切削法,否则会拉毛牙型的侧面,影响螺纹精度。高速切削时,车刀两侧刃同时参加切削,切削力较大,为防止工件振动及发生扎刀,可使用如图 6-30 所示的弹性刀柄螺纹车刀,这样可以避免扎刀现象的发生。高速车削三角形螺纹时,由于车刀对工件的挤压力容易使工件胀大,所

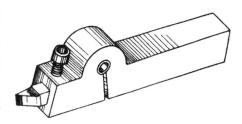

图 6-30　弹性刀柄螺纹车刀

以车削外螺纹前工件大径一般比公称尺寸小(约 0.13P)。

(3) 切削用量的选择。

车削螺纹的切削用量应根据工件材质、螺纹牙型角、螺距的大小,以及所处的加工阶段(粗车还是精车)等因素来决定。高速车削时进给次数具体可参考表 6-9,低速车削时可参考表 6-10。粗车一两刀时,因车刀刚切入工件,总的切削面积并不大,所以切削深度可以大些。以后每次进给切削深度应逐步减小。精车时,切削深度更小,排出的切屑很薄(像锡箔一样)。切削速度因车刀两刃夹角小,散热条件差,故切削速度应比车外圆时低。粗车时 $v_c = 10 \sim 15$ m/min;精车时 $v_c = 6$ m/min。

表 6-9　高速车削三角螺纹的进给次数

螺距 P(mm)		1.5~2	3	4	5	6
进给次数	粗车	2~3	3~4	4~5	5~6	6~7
	精车	1	2	2	2	2

表 6-10　低速车削三角螺纹的进给次数

进刀数	M24 $P=3$ mm 中滑板进刀格数	小滑板赶刀(借刀)格数 左	右	M20 $P=2.5$ mm 中滑板进刀格数	小滑板赶刀(借刀)格数 左	右	M16 $P=2$ mm 中滑板进刀格数	小滑板赶刀(借刀)格数 左	右
1	11	0		11	0		10	0	
2	7	3		7	3		6	3	
3	5	3		5	3		4	2	
4	4	2		3	2		2	2	
5	3	2		2	1		1	1/2	
6	3	1		1	1		1	1/2	
7	2	1		1	0		1/4	1/2	
8	1	1/2		1/2	1/2		1/4		2
9	1/2	1		1/4	1/2		1/2		1/2
10	1/2	0		1/4		3	1/2		1/2
11	1/4	1/2		1/2			1/4		1/2
12	1/4	1/2		1/2		1/2	1/4		0
13	1/2		3	1/4		1/2	螺纹深度=1.3 mm $n=26$ 格		
14	1/2	0		1/4	0				
15	1/4		1/2	螺纹深度=1.625 mm $n=32$ 格					
16	1/4	0							
	螺纹深度=1.95 mm $n=39$ 格			注:1. 小滑板每格为 0.04 mm 2. 中滑板每格为 0.05 mm 3. 粗车选 110~180 r/min,精车选 44~72 r/min					

3) 车削三角形内螺纹的方法

车削三角形内螺纹的方法与车削三角形外螺纹的方法基本相同,但其进刀、退刀方向正好与车外螺纹相反。车内螺纹(尤其是直径较小的螺纹)时,由于刀柄细长、刚性差、切屑不易排出、切削液不易注入及不便于观察等原因,因此比车削外螺纹要困难得多。内螺纹工件形状常见有三种,即通孔、不通孔(盲孔)和阶台孔,如图 6-31 所示。由于工件形状不同,因此车削方法及所用的螺纹车刀也不同,这里主要介绍通孔内螺纹的车削方法。

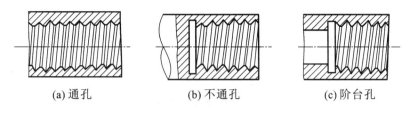

(a) 通孔　　　　　　(b) 不通孔　　　　　　(c) 阶台孔

图 6-31　内螺纹工件形状

(1) 车刀的选择。根据所加工内螺纹面的三种形状来选择内螺纹车刀。车削通孔内螺纹时可选如图 6-32(a)、(b)所示形状的车刀,车削盲孔或阶台孔内螺纹时可选如图 6-32(c)、(d)所示形状的车刀(其左侧刀刃短些)。

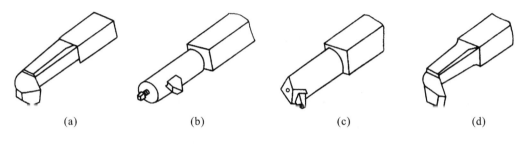

(a)　　　　　　(b)　　　　　　(c)　　　　　　(d)

图 6-32　内螺纹车刀

(2) 车刀的安装。安装内螺纹车刀时,应使刀尖对准工件中心,同时使两刃夹角中线垂直于工件轴线,可采取如图 6-14 所示用样板对刀的方法。装好刀后,还应摇动床鞍,使车刀在孔中试车一遍,检查刀柄是否与孔口相碰。

(3) 车螺纹前孔径的计算。在车内螺纹时,一般先钻孔或扩孔。由于切削时的挤压作用,内孔直径会缩小(塑性金属较明显),所以车螺纹前孔径略大于小径的基本尺寸,一般可按下式计算,即

车削塑性金属时:

$$D_{孔} = D - P$$

车削脆性金属时:

$$D_{孔} \approx D - 1.05P$$

式中:D——大径。

【**例 6-3**】　需在铸铁工件上车削 M30×1.5 的内螺纹,试求车削螺纹之前孔径应车成多少?

解:铸铁为脆性材料,根据公式

$$D_{孔} \approx D - 1.05P = (30 - 1.05 \times 1.5) \text{ mm} = 28.4 \text{ mm}.$$

4) 车削圆锥管螺纹的方法

圆柱管螺纹与三角形螺纹的车削方法类似,而圆锥管螺纹的车削,重点要解决车制出带 1∶16 锥度的螺纹来。为此,介绍下列三种可供选择的车削方法:

(1) 手赶法。对于一般配合精度较好、生产批量较小的圆锥管螺纹可采用手赶法车削,

即在床鞍由右向左自动纵向走刀的同时,中滑板手动均匀退刀,从而车出圆锥管螺纹。这种方法也叫正向车圆锥管螺纹。

还有一种反向手赶法可用于车圆锥管螺纹,具体操作是:反向装车刀,并反向走刀,即在床鞍由左向右自动纵向走刀的同时,中滑板手动均匀进刀,从而车出圆锥管螺纹。

(2)靠模法。用靠模刀架或车床靠模装置,控制中滑板的自动退刀来车削圆锥管螺纹,这种方法适合批量生产精度较高的螺纹零件。由于圆锥管螺纹的牙型中线和螺纹轴线垂直,所以在装刀时,刀尖角中线仍应与螺纹轴线保持垂直。

(3)丝锥攻螺纹。加工内圆锥管螺纹,还可使用圆锥体丝锥加工。这种方法操作简便,用于精度要求不高且批量生产的零件,如管接头螺纹等。

5)车三角形螺纹技能训练

(1)车削三角形外螺纹的操作练习。

① 欲车 M24 普通螺纹,标准螺距 $P=3$ mm。工件伸出 50 mm 夹紧,先将大径车至尺寸。

② 根据螺距 $P=3$ mm,按车床进给箱铭牌上的数据,将进给箱的手柄拨到相应的位置。

③ 选择主轴转速为 200 r/min 左右,开动车床,将主轴正、反转,然后合上开合螺母检查丝杠与开合螺母啮合是否正常,若丝杠有跳动和开合螺母自动脱离现象,必须消除。

④ 空刀练习车螺纹的动作,试车:长为 30 mm 左右,无载荷,做进、退刀和正、反车练习。要求退刀、后倒车(瞬时)动作要协调。

⑤ 试切螺纹。车螺纹前试切的目的是检查螺距是否正确。方法是用刀尖在工件表面车出一条很浅的螺旋线,然后停车用钢直尺或游标卡尺检查是否正确(见图 6-33)。

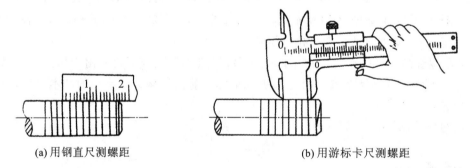

(a)用钢直尺测螺距   (b)用游标卡尺测螺距

图 6-33　螺距检查

⑥ 车螺纹。螺纹一般需要分几次进给车削才能完成。为了防止"乱牙",常采用倒顺车切削方式,即在第一次刀具进入切削时按下(合上)开合螺母后,返回不提起开合螺母,开倒车使车刀返回原来进入切削状态的初始位置;开正车进行第二行程的切削,直至螺纹车好,才可提起(断开)开合螺母。

在螺纹车削过程中,若要更换螺纹车刀或进行精车,装刀后,必须进行动态对刀。对刀时,车刀应退出加工表面,按下开合螺母,待刀具移至加工区域时,立即停车,移动小滑板,使螺纹车刀的刀尖对准螺旋槽,然后开车,在刀具移动过程中检查刀尖与螺旋槽的对准程度。

(2)车三角形外螺纹技能训练。

【练 6-1】　车外螺纹。

用一根碳钢棒料 $\phi60$ mm×100 mm 车外螺纹,规格 M52×2,如图 6-34 所示,加工步骤:

① 工件伸出 80 mm 左右,找正夹紧。

② 粗、精车外圆至 $\phi51.74$ mm,长 50 mm。

③ 倒右角 2×45°。

④ 切退刀槽 6 mm×2 mm。

⑤ 按进给箱铭牌上标注的螺距调整手柄相应的位置。

⑥ 粗、精车三角形螺纹 M52×2 符合图样要求。

⑦ 检验。

（3）车三角形内螺纹技能训练。

【练 6-2】 车 M40×2-6H 螺纹,并求孔径尺寸及查内螺纹小径公差表,如图 6-35 所示。
首先计算车内螺纹前内孔尺寸:

根据公式 $D_{孔}\approx D-P=(40-2)$ mm $=38$ mm（若材料为碳钢）,

根据 $P=2$ mm 和 6H 查表 6-3,有 $T_{d1}=0.375$ mm,

基本偏差 EI=0,所以,下偏差 EI=0,

上偏差 ES=EI+T_{d1}=$(0+0.375)$ mm。

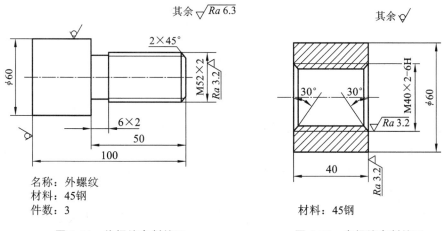

图 6-34　外螺纹车削练习	图 6-35　内螺纹车削练习

加工步骤:

① 夹持棒料,将棒料伸出 45 mm 左右找正并夹紧。

② 车平端面,并将外圆车至 $\phi60$ mm 尺寸。

③ 钻 36 mm 孔并倒内角 2×45°（控制孔深尺寸）,切断保证 $\phi40$ mm 长度尺寸。

④ 掉头夹持 $\phi60$ mm 外圆,车另一端面,倒内角 2×45°。

⑤ 粗、精车螺纹孔径至尺寸。

⑥ 两端孔口倒角。

⑦ 粗、精车内螺纹 M40×2,达到图样要求。

⑧ 检验。

（4）车圆锥管螺纹技能训练。

【练 6-3】 车削 R1/2 in 圆锥管螺纹,每英寸牙数为 14 牙,如图 6-36 所示。从图 6-36

中可知,此为用做螺纹密封的圆锥螺纹,故须先查附表 2 找出其有关尺寸:

公称直径:1/2 in;

每英寸牙数:14/in;

螺距:1.841 mm;

有效螺纹长度:$L_1 = 13.2$ mm;

基准距离:$L_2 = 8.2$ mm;

在基面上的基本直径:$d = 20.955$ mm,$d_2 = 19.793$ mm,$d_1 = 18.631$ mm。

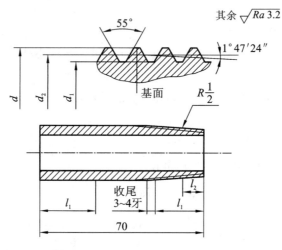

图 6-36　圆锥螺纹车削练习

加工步骤:

① 用三爪自定心卡盘装夹工件,伸出 40 mm 左右,找正并夹紧。

② 车端面。

③ 小滑板逆时针转过 1°47′24″车外圆锥,并满足 $L = 8.2$ mm、$d = 20.955$ mm,圆锥长不小于 19 mm(根据 13.2+1.814×3 而得)。

④ 在进给箱铭牌上根据所加工每英寸牙数(14/in),将手柄拨到需要的位置。

⑤ 用赶刀法车螺纹。

方法是在床鞍由右向左自动进给的同时,手动中滑板均匀退刀来保证螺纹的锥度。

⑥ 检查(用标准管接头综合检查)。

6)车削三角形螺纹注意事项

(1)车削螺纹前,首先调整好床鞍和中、小滑板镶条的松紧程度是否合适。

(2)检查或调整交换齿轮时,必须切断电源,停车后再进行调整,事后要装好防护罩。

(3)车螺纹前检查床头箱和进给箱各手柄是否拨到所车螺纹规格应有的位置。

(4)安装内、外螺纹车刀时,刀尖必须对准工件旋转中心,两刃夹角的中线要垂直工件轴线。

(5)车螺纹前一般应在工件端面倒角至螺纹底径或大于底径。

(6)车螺纹时,应始终保持刀刃锋利,中途换刀或磨刀后,必须对刀,并重新调整好中滑板刻度。

（7）倒顺车换向不能过快，否则机床受瞬时冲击，容易损坏机件。在卡盘与主轴连接处必须安装保险装置，以防卡盘反转时从主轴上脱落。

（8）车螺纹时，必须注意中滑板手柄不能多摇过一圈，否则会造成刀尖崩刃或损坏工件。

（9）当工件旋转时，不准用手摸或用棉纱去擦螺纹，以免伤手。

（10）车削时应防止小径不清、牙侧不光、牙型线不直等不良现象出现。

（11）车无退刀槽的螺纹，当车到螺纹长度的 1/3 圈时，必须先退刀，随即提起开合螺母手柄，且每次退刀位置大致相同，否则会撞掉牙尖。

（12）一般外螺纹的有效长度，用刀尖在工件外圆上画一条线痕来控制（见图 6-37）。

（13）车脆性材料螺纹时，进给量不宜过大，否则会使螺纹牙尖爆裂，造成废品，在车最后几刀时，采取微量进刀以车光螺纹侧面。

（14）车内螺纹的有效长度，可在刀柄上划线或用反映床鞍移动的刻度盘控制。

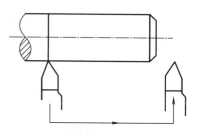

图 6-37　螺纹终止退刀标记

（15）退刀要及时、准确，尤其要注意退刀方向，先让中滑板向前进，使刀尖退出工件表面后，再纵向退刀（车内螺纹与车外螺纹刀尖退出方向相反）。

（16）对于让刀而产生的锥形误差（用螺纹套规检查时只能在进口处拧几牙），不能盲目地加大切深，应让车刀在原来的进口位置反复车削，直到逐步消除锥形误差为止。

（17）车盲孔螺纹时，一定要小心，退刀时一定要迅速，否则车刀刀体会与孔底相撞。

（18）安装圆锥管螺纹车刀时，刀尖两刃夹角中线应仍然垂直于工件的轴线，而不能垂直于倾斜面对刀。

（19）车圆锥管螺纹时，要注意纵向自动进给与横向手动退刀的速度要配合好，防止中滑板丝杠回松，否则会引起螺纹两侧面不光洁，精度达不到要求，而且还会产生扎刀现象，损坏刀尖。

（20）用螺纹套规或管接头检查 55°圆锥管螺纹时，应以基面为准，保证有效长度螺尾长 3～4 圈螺纹。

切削螺纹技术要领：

① 调整机床各手柄正确，小滑板镶条松紧适当。

② 粗加工各种螺纹进给量稍大些，螺距较大的要赶刀，也称借刀，赶刀量根据螺距大小来定，一般 0.2～0.4 mm，就是尽快扩宽螺旋槽并留半加工余量。

③ 中途对刀也称二次对刀，就是在加工过程中，刀尖难免磨损磨钝。要重换刀或重磨刀，在重装刀后要重新对刀，方法步骤是：按下开合螺母，机床调至低速，刀走到螺纹区域，摇动中小滑板，把刀尖对准螺旋槽中间即可，然后重看刻度盘刻度数值，方可继续车削螺纹并留精加工余量 0.3～0.5 mm。

④ 半精加工：在粗加工完毕后开始半精加工，进给量逐步减小，0.1～0.05 mm，为精加工打下良好的基础，以继续精加工螺纹并留精加工余量约 0.1 mm。

⑤ 光刀：刀尖韧度要锋利，进给量更小，光刀就是用刀的一个侧面轻轻接触一个牙型侧

面。注意：先光粗糙度最差的一面再光另一个牙侧面，小滑板做微量进给，约 0.02 mm。

⑥ 幌车：也称闪车，就是开动机床提起操纵杆手柄，然后再向下压操纵杆手柄，车速减下来后，刀尖缓慢进入螺旋槽，看吃刀量是否正常，看厚薄是否像锡箔纸一样薄，如正常再提起操纵杆进行切削。始进刀量过大，也叫过切，应立即退刀重新看刻度，减小进刀量，如正常方可继续切削。

⑦ 会观察铁屑：粗车时进给量大些，铁屑出现稍厚些，半精车时因吃刀量逐步减小要薄一些，精车时因加工余量更小，出现铁屑，像锡箔纸一样光亮卷花，花断说明此面有没光起来的地方，卷屑不断说明此面已光完全，再光另一面至达到尺寸要求精度为准。

⑧ 内外螺纹的等级标准：

内螺纹小径等级分为 4、5、6、7、8 共 5 个等级；

内螺纹中径等级分为 4、5、6、7、8 共 5 个等级；

外螺纹大径等级分为 4、6、8 共 3 个等级；

外螺纹中径等级分为 3、4、5、6、7、8、9 共 7 个等级；

外螺纹大径的公差 $0.13P$，牙顶宽 $0.125P$。

螺纹中径和顶径有相同等级，也有不同等级，细牙和粗牙相同，不另立等级。

◀ 项目2 梯形螺纹 ▶

梯形螺纹是应用很广泛的传动螺纹，例如车床上的长丝杠和中、小滑板的丝杠等都是梯形螺纹，它们的工作长度较长，使用精度要求较高，因此车削时比普通三角形螺纹困难。梯形螺纹分米制和英制两种。英制梯形螺纹（牙型角为 29°）在我国较少采用，我国常采用米制梯形螺纹（牙型角为 30°）。

一、梯形螺纹的尺寸计算

1. 梯形螺纹标记

梯形螺纹标记由螺纹代号、公差带代号及旋合长度代号组成，彼此用"-"分开。根据国标（GB/T 5796—2005）规定，梯形螺纹代号由螺纹种类代号 Tr 和螺纹"公称直径×导程"来表示。由于标准对内螺纹小径 D_1 和外螺纹大径只规定了一种公差带（4H、4h），规定外螺纹小径 d_3 的公差位置永远为 h，公差等级与中径公差等级数相同，而对内螺纹大径 D_4，标准只规定下偏差（即基本偏差）为零，而对上偏差不做规定，因此梯形螺纹仅标记中径公差带，并代表梯形螺纹公差带（由表示公差带等级的数字及表示公差带位置的字母组成）。

螺纹的旋合长度分为三组，分别称为短旋合长度（S）、中等旋合长度（N）和长旋合长度（L）。在一般情况下，中等旋合长度（N）用得较多，可以不标注。

梯形螺纹副的公差带代号分别注出内、外螺纹的公差带代号，前面的是内螺纹公差带代号，后面是外螺纹公差带代号，中间用斜线分隔。

梯形螺纹标记示例如图 6-38 所示。

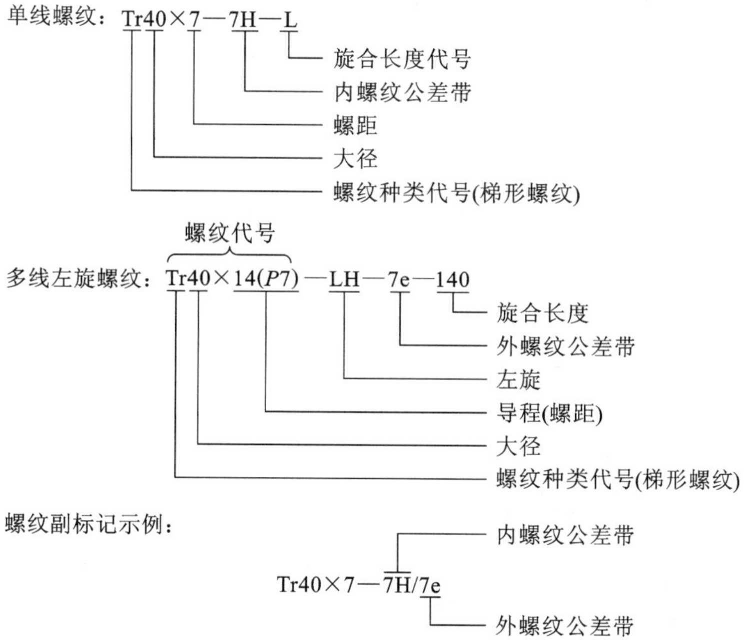

单线螺纹：Tr40×7—7H—L
旋合长度代号
内螺纹公差带
螺距
大径
螺纹种类代号(梯形螺纹)
螺纹代号
多线左旋螺纹：Tr40×14(P7)—LH—7e—140
旋合长度
外螺纹公差带
左旋
导程(螺距)
大径
螺纹种类代号(梯形螺纹)
螺纹副标记示例：
内螺纹公差带
Tr40×7—7H/7e
外螺纹公差带

图 6-38　梯形螺纹标记示例

2. 梯形螺纹的计算

30°米制梯形螺纹的牙型如图 6-39 所示。

P
内螺纹
30°
R1
R2
R2
Z
h3
H4
ac
d
d2
d3
D1
D2、d2
D4
外螺纹

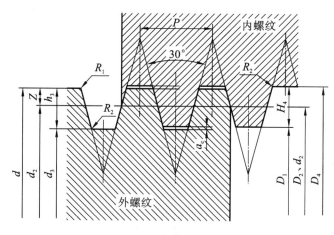

图 6-39　梯形螺纹牙型

梯形螺纹各部分名称、代号及计算公式如表 6-11 所示。

【例 6-4】　车削一对 T42×10 的丝杠和螺母，试求内、外螺纹的大径、牙型高度、小径、牙顶宽、牙槽底宽和中径尺寸。

解：根据表 6-11 中的公式有：

$$d = 42\ \text{mm}$$

$$d_2 = d - 0.5P = (42 - 0.5 \times 10)\ \text{mm} = 37\ \text{mm}$$

$$h_3 = 0.5P + a_c = (0.5 \times 10 + 0.5)\ \text{mm} = 5.5\ \text{mm}$$

$$d_3 = d - 2h_3 = (42 - 2 \times 5.5) \text{ mm} = 31 \text{ mm}$$
$$D_4 = d + 2a_c = (42 + 2 \times 5.5) \text{ mm} = 43 \text{ mm}$$
$$D_2 = d_2 = 37 \text{ mm}$$
$$D_1 = d - P = (42 - 10) \text{ mm} = 32 \text{ mm}$$
$$H_3 = h_3 = 5.5 \text{ mm}$$

表 6-11　梯形螺纹各部分名称、代号及计算公式　　　　　　　　　　mm

名　称		代　号	计　算　公　式			
牙角		α	$\alpha = 30°$			
螺距		P	由螺纹标准确定			
牙顶间隙		a_c	P	1.5～5	6～12	14～44
			a_c	0.25	0.5	1
外螺纹	大径	d	公称直径			
	中径	d_2	$d = d_2 - 0.5P$			
	小径	d_3	$d_3 = d - 2h_3$			
	牙高	h_3	$h_3 = 0.5P + a_c$			
内螺纹	大径	D_4	$D_4 = d + 2a_c$			
	中径	D_2	$D_2 = d_2$			
	小径	D_1	$D_1 = d - P$			
	牙高	H_4	$H_4 = h_3$			
牙顶宽		f、f'	$f = f' = 0.366P$			
牙槽底宽		w、w'	$w = w' = 0.366P = 0.536a_c$			

牙顶宽 $f = f' = 0366P = 3.66$ mm

牙槽底宽 $w = w' = 0.366P - 0.536a_c = (3.66 - 0.268)$ mm $= 3.392$ mm

3. 梯形螺纹公差

GB/T 5796.4—2005 对梯形螺纹公差带位置与基本偏差、公差带大小及公差等级、旋合长度、螺纹精度与公差带的选用和多线螺纹做了如下规定。

1）梯形螺纹公差带位置与基本偏差

公差带的位置由基本偏差确定。标准规定梯形外螺纹的上偏差 es 及梯形内螺纹的下偏差 EI 为基本偏差。

对内螺纹大径 D_4、中径 D_2 及小径 D_1 规定了一种公差带位置 H(见图 6-40)，基本偏差为零，图中 T_{D_2} 为内螺纹中径公差，T_{D_1} 为内螺纹小径公差。

对外螺纹的中径 d_2 规定了三种公差带位置 h(见图 6-41(a))，e 和 c(见图 6-41(b))。对大径 d 和小径 d_3 只规定了一种公差带位置 h，h 的基本偏差为零，e 和 c 的基本偏差为负值。图中 T_d 为外螺纹大径公差，T_{d_2} 为外螺纹中径公差，T_{d_3} 为外螺纹小径公差。

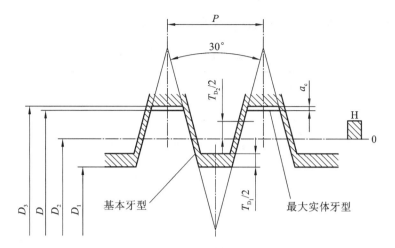

图 6-40　内螺纹公差带

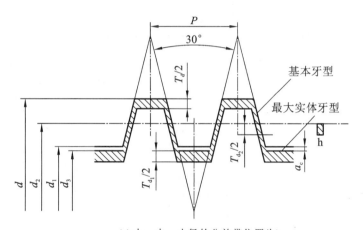

(a) 大、中、小径的公差带位置为h

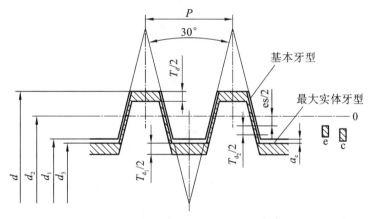

(b) 大、小径的公差带位置为h，中径为e、c

图 6-41　外螺纹公差带

d—外螺纹大径；d_2—外螺纹中径；d_3—外螺纹小径；es—中径基本偏差；
T_d—外螺纹大径公差；T_{d_2}—外螺纹中径公差；T_{d_3}—外螺纹小径公差

内、外螺纹中径基本偏差数值如表 6-12 所示。

表 6-12　梯形内、外螺纹中径基本偏差

螺距 P (mm)	基本偏差(μm)			
	内螺纹	外螺纹		
	D_2	d_2		
	H	c	e	h
	EI	es	es	es
1.5	0	−140	−67	0
2	0	−150	−71	0
3	0	−170	−85	0
4	0	−190	−95	0
5	0	−212	−106	0
6	0	−236	−118	0
7	0	−250	−125	0
8	0	−265	−132	0
9	0	−280	−140	0
10	0	−300	−150	0
12	0	−335	−160	0
14	0	−355	−180	0
16	0	−375	−190	0
18	0	−400	−200	0
20	0	−425	−212	0
22	0	−450	−224	0
24	0	−475	−236	0
28	0	−500	−250	0
32	0	−530	−265	0
36	0	−560	−280	0
40	0	−600	−300	0
44	0	−630	−315	0

2）公差带大小及公差带等级

GB/T 5796.4—1986 规定的内、外螺纹各直径公差等级如表 6-13 所示。

表 6-13　梯形螺纹各直径的公差等级

螺 纹 直 径	公 差 等 级	螺 纹 直 径	公 差 等 级
内螺纹小径 D_1	4	外螺纹中径 d_2	(6)、7、8、9
外螺纹大径 d	4	外螺纹小径 d_3	7、8、9
内螺纹小径 D_2	7、8、9		

内螺纹小径公差数值如表 6-14 所示。

表 6-14　梯形内螺纹小径公差 T_{D_1}　　　　　　　　　　μm

螺距 P/mm	4 级公差	螺距 P/mm	4 级公差
1.5	190	16	1000
2	236	18	1120
3	315	20	1180
4	375	22	1250
5	450	24	1320
6	500	28	1500
7	560		
8	630	32	1600
9	670	36	1800
10	710	40	1900
12	800	44	2000
14	900		

外螺纹大径公差数值如表 6-15 所示。

表 6-15　梯形外螺纹大径公差 T_d　　　　　　　　　　μm

螺距 P/mm	4 级公差	螺距 P/mm	4 级公差
1.5	150	16	700
2	180	18	800
3	236	20	850
4	300	22	900
5	335	24	950
6	375	28	1060
7	425		
8	450	32	1120
9	500	36	1250
10	530	40	1320
12	600	44	1400
14	670		

内螺纹中径公差数值如表 6-16 所示。

表 6-16　梯形内螺纹中径公差 T_{D_2}　　　　　　　　　　　　　　　　μm

公称直径 d/mm		螺距 P/mm	公差等级		
>	≤		7	8	9
5.6	11.2	1.5	224	250	355
		2	250	315	400
		3	280	355	450
11.2	22.4	2	265	335	425
		3	300	375	475
		4	355	450	560
		5	375	475	600
		8	475	600	750
22.4	45	3	335	425	530
		5	400	500	630
		6	450	560	710
		7	475	600	750
		8	500	630	800
		10	530	670	850
		12	560	710	900
45	90	3	355	450	560
		4	400	500	630
		8	530	670	850
45	90	9	560	710	900
		10	560	710	900
		12	630	800	1000
		14	670	630	1060
		16	710	670	1120
		18	750	710	1180

外螺纹中径公差数值如表 6-17 所示。表中只列出公称直径在 90 mm 以内的内、外螺纹中径公差值。

表 6-17　梯形外螺纹中径公差 T_{d_2}　　　　　　　　　　　　　　　　μm

公称直径 d/mm		螺距 P/mm	公差等级			
>	≤		6	7	8	9
5.6	11.2	1.5	132	170	212	265
		2	150	190	236	300
		3	170	212	265	335
11.2	22.4	2	160	200	259	315
		3	180	224	280	355
		4	212	265	335	425
		5	224	280	355	450
		8	280	355	450	560

公称直径 d/mm		螺距 P /mm	公差等级			
>	≤		6	7	8	9
22.4	45	3	200	250	315	400
		5	236	300	375	475
		6	265	335	425	530
		7	280	355	450	560
		8	300	375	475	600
		10	315	400	500	630
		12	335	425	530	670
45	90	3	212	265	335	425
		4	236	300	375	475
		8	315	400	500	630
45	90	9	335	425	530	670
		10	335	425	530	670
		12	375	475	600	750
		14	400	500	630	800
		16	425	530	670	850
		18	450	560	710	900

外螺纹小径公差数值如表 6-18 所示。表中只列出公称直径在 90 mm 以内的外螺纹小径公差值。

表 6-18　梯形外螺纹小径公差 T_{d_3}　　　　　　　　　　μm

公称直径 d/mm		螺距 P /mm	中径公差带位置为 c			中径公差带位置为 e			中径公差带位置为 h		
>	≤		公差等级			公差等级			公差等级		
			7	8	9	7	8	9	7	8	9
5.6	11.2	1.5	352	405	471	276	332	398	212	365	331
		2	388	445	525	309	366	445	238	395	375
		3	435	501	589	350	416	504	265	331	419
11.2	22.4	2	400	462	544	321	383	465	250	312	394
		3	450	520	514	365	465	529	280	350	444
		4	521	609	690	436	514	595	331	419	531
		5	562	656	775	456	550	669	350	444	562
		8	709	828	965	576	695	832	444	562	700
22.4	45	3	486	564	670	397	479	585	312	394	500
		5	587	681	806	481	575	700	375	469	594
		6	655	767	899	537	649	781	419	531	662
		7	694	813	950	569	688	825	444	562	700
		8	734	859	1015	601	726	882	469	594	750
		10	800	925	1087	650	775	937	500	625	788
		12	866	998	1223	691	823	1048	531	662	838

续表

公称直径 d/mm		螺距 P /mm	中径公差带位置为 c 公差等级			中径公差带位置为 e 公差等级			中径公差带位置为 h 公差等级		
>	≤		7	8	9	7	8	9	7	8	9
45	90	3	501	589	701	416	504	616	331	419	531
		4	565	659	784	470	564	639	375	469	594
		8	765	890	1052	632	757	919	500	625	788
		9	811	943	1118	671	803	978	531	662	838
		10	831	963	1138	681	813	988	531	662	838
		12	929	1085	1273	754	910	1098	594	750	938
		14	970	1142	1355	805	967	1180	625	788	1000
		16	1038	1213	1438	853	1028	1253	662	838	1062
		18	1100	1288	1525	900	1088	1320	700	888	1125

3）螺纹的旋合长度

螺纹旋合长度如表 6-19 所示。

表 6-19　梯形螺纹旋合长度　　　　　　　　　　　　　mm

公称直径 d		螺距 P	旋合长度组		
			N		L
>	≤	>	>	≤	>
5.6	11.2	1.5	5	15	16
		2	6	19	19
		3	10	28	28
11.2	22.4	2	8	24	24
		3	11	32	32
		4	15	43	43
		5	18	53	53
		8	30	85	85
22.4	45	3	12	36	36
		5	21	63	63
		6	25	75	75
		7	30	85	85
		8	34	100	100
		10	42	125	125
		12	50	150	150
45	90	3	15	45	45
		4	19	56	56
		8	38	118	118
		9	43	132	132
		10	50	140	140
		12	60	170	170
		14	67	200	200
		16	75	336	236
		18	85	265	265

4）梯形螺纹精度与公差带的选用

GB/T 5796.4—2005 对梯形螺纹规定了中等和粗糙两种精度,其选用原则如下。

中等:一般用途。

粗糙:对精度要求不高时采用。

一般情况下应按表 6-20 规定选用中径公差带。

表 6-20　梯形内、外螺纹选用公差带

精　度	内　螺　纹		外　螺　纹	
	N	L	N	L
中等	7H	8H	7h、7e	8e
粗糙	8H	9H	8e、8c	9c

5）多线螺纹公差

多线螺纹的顶径公差和底径公差与单线螺纹相同。多线螺纹的中径公差是在单线螺纹中径公差的基础上按线数不同分别乘以一系数而得的,各种不同线数的系数如表 6-21 所示。

表 6-21　梯形多线螺纹系数

线　数	2	3	4	≥5
系数	1.12	1.25	1.4	1.6

6）梯形螺纹公差表格应用举例

【例 6-5】　查出 Tr40×7−7H/7e 各直径上、下偏差。

解:此为一梯形螺纹副。先查表并计算出内螺纹 Tr40×7−7H 各直径上、下偏差,然后再查表并计算出外螺纹 Tr40×7−7e 各直径上、下偏差。

计算内螺纹各直径:

$$D_1 = d + 2a_c = (40 + 2 \times 0.5) \text{ mm} = 41 \text{ mm}$$

$$D_2 = d - 0.5P = (40 - 0.5 \times 7) \text{ mm} = 36.5 \text{ mm}$$

$$D_1 = d - P = (40 - 7) \text{ mm} = 33 \text{ mm}$$

根据标准规定,已知内螺纹中径 D_2、小径 D 的基本偏差 EI=0(见图 6-12)。

查表 6-14:$T_{D_1} = 0.56$ mm

查表 6-16:$T_{D_2} = 0.475$ mm

所以对于小径,EI=0,ES=EI+T_{D_1}=(0+0.56) mm=0.56 mm

对于中径,EI=0,ES=EI+T_{D_2}=(0+0.475) mm=0.475 mm

故内螺纹小径应为:$\phi 33^{+0.56}_{0}$ mm,中径应为:$\phi 36.5^{+0.475}_{0}$ mm。

根据标准规定,大径的基本偏差也为零,即 EI=0,而且对其上偏差不作规定。

计算外螺纹各直径:

$$d = 40 \text{ mm}$$

$$d_2 = D_2 = 36.5 \text{ mm}$$

$$d_3 = d - 2h_3 = d - 2(0.5P - a_c) = [40 - 2(0.5 \times 7 + 0.5)] \text{ mm} = 32 \text{ mm}$$

根据标准规定，外螺纹大径 d 和小径 d_3 的基本偏差为 0，即 es＝0（见图 6-40）。

查表 6-17：T_{d_2}＝0.355 mm

查表 6-18：T_{d_3}＝0.569 mm

查表 6-12：梯形外螺纹中径基本偏差为－0.125 mm，即 es＝－0.125 mm

所以对于大径：s＝0，ei＝es－T_d＝（0－0.425）mm＝－0.425 mm

对于中径：e＝－0.125，ei＝cs－T_{d_2}＝（－0.125－0.355）mm＝－0.480 mm

对于小径：es＝0，e＝es－T_{d_3}＝（0－0.569）mm＝－0.569 mm

故外螺纹大径应为：$\phi40_{-0.425}^{0}$ mm，中径应为：$\phi36.5_{-0.480}^{-0.125}$ mm，小径应为：$\phi32_{-0.569}^{0}$ mm

二、梯形螺纹车刀及刃磨

1. 梯形外螺纹车刀

车梯形外螺纹时，径向切削力较大，为了减小切削力，螺纹车刀也应分为粗车刀和精车刀两种。

1）高速钢梯形螺纹粗车刀

高速钢梯形螺纹粗车刀如图 6-42 所示，为了左右切削并留精车余量，刀尖角应小于牙型角，刀尖宽度应小于牙型槽底宽 w。

2）高速钢梯形螺纹精车刀

高速钢梯形螺纹精车刀如图 6-43 所示，车刀的径向前角为 0°，两侧切削刃之间的夹角等于牙型角，为了保证两侧切削刃切削顺利，在两侧都磨有较大前角（$r_0＝10°\sim16°$）的卷屑槽，但车削时，车刀的前端不能参加切削，只能精车牙侧。

图 6-42　高速钢梯形螺纹粗车刀　　　　图 6-43　高速钢梯形螺纹精车刀

3）硬质合金梯形螺纹车刀

为了提高效率，在车削一精度梯形螺纹时，可以采用硬质合金车刀进行高速车削，硬质合金梯形螺纹车刀如图 6-44 所示。

高速切梯形螺纹时，由于三个刃同时切削，切削力大，容易引起振动，并且前刀面是平行面（径向前角为 0°）。切屑呈带状流出，操作不安全。为了解决上述矛盾，可在前刀面上磨出两个圆弧，如图 6-45 所示。

其主要优点是：

（1）因为磨出了两个 $R7$ mm 的圆弧，使径向前角增大，切削轻快，不易引起振动。

（2）切屑呈球头状排出，保证安全，且切除方便。

2. 梯形螺纹升角对车刀工作角度的影响

车螺纹时，因受螺旋线的影响，则车刀工作时的前角和后角与刀角（静止角）和后角（静

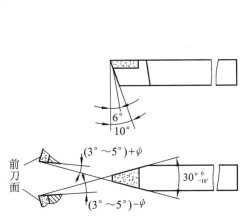

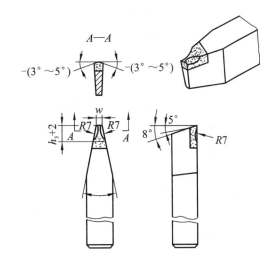

图 6-44 硬质合金梯形螺纹车刀

图 6-45 双圆弧硬质合金梯形螺纹车刀

止后角)的数值不同。由于三角形螺纹升角较小,受其影响不大。但在车削梯形螺纹、矩形螺纹时,由于其螺纹升角较大,其影响则不可忽略。因此,在刃磨梯形螺纹车刀时,必须考虑这个影响。

(1) 从图 6-11 中可知,在刃磨与走刀方向同侧时的后角应为 $(3° \sim 5°) + \psi$,而在刃磨与背离走刀方向同侧时后角应为 $(3° \sim 5°) - \psi$。

(2) 车刀两侧前角的变化可从图 6-12 中得知,可用图 6-12(b)所示的方法,将车刀两侧切削刃组成的平面垂直于螺线装夹,使左侧的工作前角和右侧的工作前角均为 0°(适用于粗车);或在前刀面上沿两侧切削刃磨出较大前角的卷屑槽(见图 6-12(c)、(d)),使切削顺利并利于排屑。

3. 梯形内螺纹车刀

内螺纹车刀比外螺纹车刀刚性差,所以刀柄的截面尽量大些,刀柄的截面尺寸与长度应根据工件的孔径与孔深来选取。

梯形内螺纹车刀如图 6-46 所示,它和三角形内螺纹车刀基本相同,只是刀尖角为 30°。

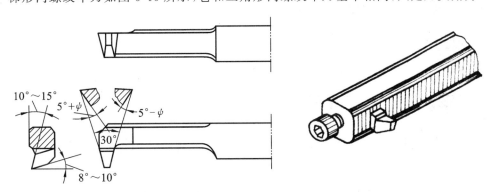

图 6-46 梯形内螺纹车刀

4. 梯形螺纹车刀刃磨要求

梯形螺纹车刀刃磨的主要参数是螺纹的牙型角和牙底槽宽度。

（1）刃磨两刃夹角时，应随时目测和样板校对。

（2）磨有径向角的两刃夹角时，应用特制厚样板进行修正（如图 6-14 所示方法），其修值如表 6-8 所示。

（3）切削刃要光滑、平直、无裂口，两侧切削刃必须对称，刀体不歪斜。

（4）用油石研去各刀刃的毛刺。

5. 梯形螺纹车刀刃磨步骤

（1）粗磨刀刃两后面（刀尖角初步形成）。

（2）粗、精磨前刀面或径向前角。

（3）精磨刃两侧后面时（走刀方向后角应大于背离走刀方向后角），刀尖角用样板修正。

（4）修正刀尖后角时，应注意刀尖横刃宽度应小于槽底宽度。

6. 注意事项

（1）刃磨两侧后角时要注意螺纹的左右旋向，然后根据螺纹升角的大小来决定两侧后角的数值。

（2）内螺纹车刀的刀尖角平分线应和刀柄垂直。

（3）刃磨高速钢车刀时，应随时放入水中冷却，以防退火。

7. 梯形螺纹车刀的选择和装夹

1）车刀材料的选择

低速车削一般选用高速钢车刀；高速车削应选用硬质合金车刀。

2）车刀的安装

（1）车刀安装方式　根据梯形螺纹的车削特点，车刀一般为轴向装刀和法向装刀两种。轴向装刀是使车刀前刀面与工件轴线重合（见图 6-47（a）），其优点是车出的螺纹直线度好。法向装刀是使车刀前刀面在纵向进给方向对基面倾斜一个螺纹升角。即使前刀面在纵向进给方向垂直于螺旋线的切线（见图 6-47（b）），其优点是左右切削刃工作前角相等，改善了切削条件，使排屑顺畅，但螺纹牙型不成直线而成双曲线（见图 6-48）。所以，粗车梯形螺纹（尤其是当螺旋升角大时），采用法向装刀；粗车梯形螺纹，则采用轴向装刀。这样既能顺利地进行粗车，又能保证精车后螺纹牙型的准确性。

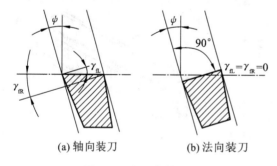

图 6-47　车刀安装方法

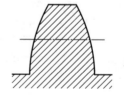

图 6-48　法向装刀工件轴线剖面内的牙型

车精度较低的梯形螺纹或粗车梯形螺纹时，常选用如图 6-49（a）所示弹簧刀排，以减小振动并获得较小的表面粗糙度值。当采用法向装刀时，可选用如图 6-49（b）所示可调节弹簧刀排较为方便。

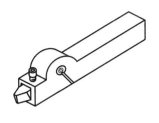

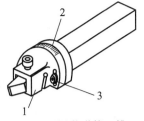

(a) 普通弹簧车刀排　　　　(b) 可调节弹簧刀排

图 6-49　弹簧车刀

1—刀体；2—刀柄；3—螺钉

（2）车刀安装高度　安装梯形螺纹车刀时，应使刀尖对准工件回转中心，以防止牙型角的变化。采用弹簧刀排时，其刀尖应略高于工件回转中心 0.2 mm 左右，以补偿刀排弹性变形量。

为了保证梯形螺纹车刀两刃夹角中线垂直于工件轴线，当梯形螺纹车刀在基面内安装时，可用螺纹样板进行校正对刀（见图 6-50）。若以刀柄左侧面为定位基准，在工具磨床上刃磨的梯形螺纹精车刀装刀时，可用百分表校正刀柄侧面位置，以控制车刀在基面内的装刀偏差（见图 6-51）。

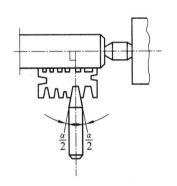

图 6-50　梯形螺纹车刀的安装

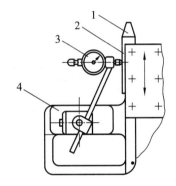

图 6-51　用百分表校正刀柄侧面装刀

1—螺纹车刀；2—刃磨基准面；3—百分表；4—床鞍

三、梯形螺纹车削方法及技能训练

1. 梯形外螺纹的测量

1）大径测量

测量螺纹大径时，一般可用游标卡尺、千分尺等量具。

2）底径尺寸的控制

一般由中滑板刻度盘控制牙型高度，而间接保证底径尺寸。

3）中径尺寸控制

（1）三针测量法　它是一种比较精密的测量方法，适用于测量精度要求较高、螺旋升角小于 4°的三角形螺纹、梯形螺纹和蜗杆的中径尺寸。测量时，把三根直径相等并在一定尺寸范围内的量针放在螺纹相对两面的螺旋槽中，再用千分尺量两面量针顶点之间的距离 M（见图 6-52），然后据 M 值换算出螺纹中径的实际尺寸，千分尺的读数值 M 及量针直径 d_0 的简化公式如表 6-22 所示。

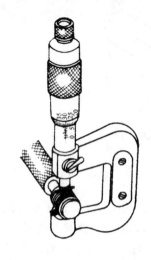
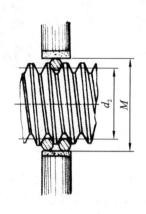
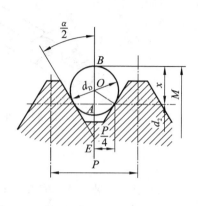

图 6-52　三针测量螺纹中径

表 6-22　M 值及量针直径的简化计算公式

螺纹牙型角	M 计算公式	钢针直径 d_D		
		最大值	最佳值	最小值
29°（英制蜗杆）	$M=d_2+4.994d_D-1.933P$		$0.516P$	
30°（梯形螺纹）	$M=d_2+4.864d_D-1.866P$	$0.656P$	$0.518P$	$0.486P$
40°（蜗杆）	$M=d_1+3.924d_D-4.316m_X$	$2.446m_X$	$1.675m_X$	$1.61m_X$
55°（英制螺纹）	$M=d_2+3.166d_D-0.961P$	$0.894P-0.029$	$0.564P$	$0.481P-0.016$
60°（普通螺纹）	$M=d_2+3d_D-0.866P$	$1.01P$	$0.577P$	$0.505P$

　　（2）量针的选择　　三针测量的量针直径（d_D）不能太大，为蜗杆分度圆直径（mm），M_X 为轴向模数。否则测量针的横截面与螺纹牙侧不相切（见图 6-53(a)），无法量得中径的实际尺寸。也不能太小，不然测量针陷入牙槽中，其顶点低于螺纹牙顶而无法测量（见图 6-53(c)）。最佳量针直径是量针横截面与螺纹中径处于牙侧相切时的量针直径（见图 6-53(b)）。量针直径的最大值、最佳值和最小值可在表 6-22 中查出。选用量针时，应尽量接近最佳值，以便获得较高的测量精度。

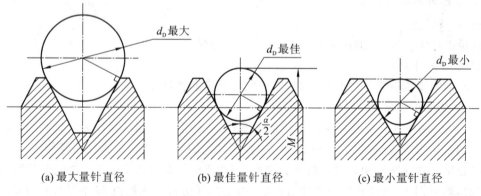

(a) 最大量针直径　　　　　(b) 最佳量针直径　　　　　(c) 最小量针直径

图 6-53　量针直径的选择

【例 6-6】 用三针测量 Tr36×6-7e 梯形螺纹中径,求千分尺读数 M 值。

解:根据表 6-21 中的计算式

量针直径:$d_D = 0.518P×6 = 0.31$ mm

螺纹中径:$d_2 = d-0.5P = (36-0.5×6)$ mm $= 33$ mm

查表 6-12 得中径尺寸允许偏差,

测量读数值:$M = d_2 + 4.864d_D - 1.866P = (33+4.864×3.1-1.866×6)$ mm

$\qquad = (33+15.08-11.2)$ mm $= 36.882$ mm

根据中径允许的极限偏差,千分尺测量的读数值 M 应为 $36.409\sim36.764$ mm。

(3) 单针测量法 这种方法只需要使用一根符合要求的针(图 6-54),将其放置在螺旋槽中,用千分尺量出以螺纹顶径为基准到量针顶点之间的距离 A,在测量前应先量出螺纹顶径的实际尺寸 d_n,其原理与三针测量相同,测量方法较简便。其计算公式如下:

$$A = \frac{M+d_n}{2}$$

式中:A——单针测量值,mm;

$\qquad d_n$——螺纹顶径的实际尺寸,mm;

$\qquad M$——三针测量时量针测量距的计算值,mm。

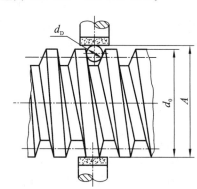

图 6-54 单针测量螺纹中径

【例 6-7】 用单针测量 Tr36×6-8e 螺纹时,量得工件实际外径 $d = 35.95$ mm,求单针测量值 A 应为多少才合适?

解:先查表 6-21 选择量针最佳直径 d_D,并计算 M 值

$d_D = 0.518P = (0.518×6)$ mm $= 3.108$ mm

$d_2 = d-0.5P = (36-0.5×6)$ mm $= 33$ mm

$M = d_{2+}4.864d_D - 1.886P = (33+4.864×3.108-1.886×6)$ mm $= 36.92$ mm

查表 6-12 中径 d_2 上偏差 es $= -0.118$ mm

查表 6-17 中径 d_2 公差 $T_{d_2} = 0.425$ mm

所以,中径 d_2 下偏差 ei $=$ es $- T_{d_2} = (-0.118-0.425)$ mm $= -0.543$ mm

即

$$d_2 = 33^{-0.118}_{-0.543}\ \text{mm}$$

$$M = 36.92^{-0.118}_{-0.543}\ \text{mm}$$

所以,

$$A = \frac{M+d_D}{2} = \frac{36.92^{-0.118}_{-0.543}+35.95}{2}\ \text{mm} = 36^{-0.183}_{-0.608}\ \text{mm}$$

因此单针测量值应为 $A = 36^{-0.183}_{-0.608}$ mm 合适。

(4) 梯形螺纹的综合测量 若梯形螺纹精度要求不高,作为一般的传动副,可以采用标准梯螺量规,对所加工的内、外梯形螺纹进行综合检查。在综合检查之前可先进行单项检查,如测量外螺纹顶径、螺距、牙型角和内螺纹小径等。

2. 工件的装夹

一般采用两顶尖成一夹一装夹。粗车螺距较大的螺纹时,由于切削力较大,通常采用四

爪车动卡盘一夹一顶,以保证装夹牢固,同时使用工件的一个阶台靠住卡爪平面或用轴向定位块限制,固定工件的轴向位置,以防止因切削力过大,使工件轴向位移面车坏螺纹。

粗车螺纹时,可以采用两顶尖之间装夹,以提高定位精度。

3. 车床的选择和调整

1) 车床的选择

挑选精度较高、磨损较小、刚性好的车床加工。

2) 车床的调整

(1) 对床鞍及中、小滑板的配合部分进行检查和调整,使其间隙松紧适当。

(2) 特别注意控制主轴的轴向窜动、径向跳动及丝杠的窜动。

(3) 选用配换精度较高的交换齿轮。

(4) 主轴上左右摩擦片的松紧应调整合适,以减少切削时因车床因素而产生的加工误差。

4. 梯形螺纹的车削方法

车削梯形螺纹与车削三角形螺纹相比较,螺距大、牙型大、切削余量大、切削抗力大,而且精度要求较高,加之工件一般较长,所以加工难度大。除与车三角形螺纹类似地按所车螺距大小,在车床进给箱铭牌上找出调整变速手柄所需位置,保证车床所车的螺距符合要求外,尚需考虑梯形螺纹的精度高低和螺距大小来选择不同的加工方法。通常对于精度要求较高的梯形螺纹采用低速车削的方法,同时此法对初学者来说较易掌握一些。

低速车梯形螺纹的方法有以下几种。

(1) 螺距小于 4 mm 或精度要求不高的工件,可用一把梯形螺纹车刀进行粗车和精车。粗车时可采用左右切削法,精车时采用直进法。

(2) 螺距大于 4 mm 或精度要求较高的梯形螺纹,一般采用分刀车削法,其具体方法如下:

① 粗车及半精车螺纹大径至尺寸,并倒角至槽底与端面成 15°;

② 选用刀头宽度稍小于槽底宽的切刀,采用直进法粗车螺纹,每边留 0.25~0.35 mm 的余量(见图 6-55(a))其小径车至尺寸;

③ 用粗车刀采用斜进法或左右进刀法车削螺纹,每边留 0.1~0.2 mm 的精车余量(见图 6-55(b)、(c))。

(3) 选用两侧切削磨有卷屑槽的精车刀,采用左右进刀法,精车螺纹两侧面至图样要求(见图 6-55(d))。

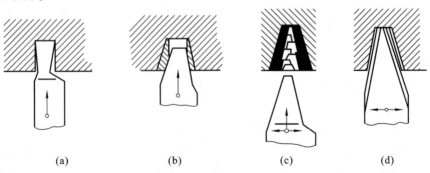

(a)　　　　　　(b)　　　　　　(c)　　　　　　(d)

图 6-55　梯形螺纹车削方法

5. 技能训练

【练 6-4】 车剖梯形外螺纹(见图 6-56)。

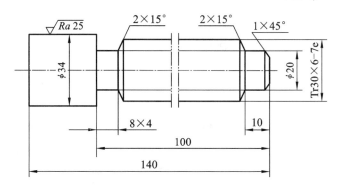

图 6-56 车梯形螺纹练习

车削之前应先查表计出大径 $d = \phi 30^{\ 0}_{-0.375}$ mm,中径 $d_2 = \phi 27^{-0.118}_{-0.375}$ mm,小径 $d_{\mathrm{D}} = \phi 23^{\ 0}_{-0.257}$ mm 的尺寸。

加工步骤:

(1) 夹持 $\phi 34$ mm 外圆毛坯,找正并夹紧;

(2) 外圆车至 $\phi 33^{+0.1}_{0}$ mm;

(3) 调头伸出 20 mm 左右长夹紧外圆,车端面,钻中心孔 A2.5/3.5;

(4) 用后顶尖支撑,车 $\phi 20$ mm、长 10 mm 外圆至尺寸;

(5) 车梯形螺纹大径至尺寸 $\phi 33^{\ 0}_{-0.1}$ mm;

(6) 切退刀槽 8×4,按图样要求倒角 $2 \times 15°$ 及 $1 \times 45°$;

(7) 粗车,半精车 $Tr30 \times 6 - 7e$ 螺旋槽;

(8) 精车螺纹外径至 $\phi 33^{\ 0}_{-0.375}$ mm;

(9) 精车螺纹至尺寸;

(10) 检查。

6. 注意事项

(1) 不准在开车时用棉纱擦工件,以免发生安全事故。

(2) 车螺纹时,为了防止因溜板箱手轮回转时的不平衡而使床鞍产生窜动,可在手轮上装平衡块,最好采用手轮脱离装置。

(3) 车螺纹时,选择较小的切削用量,减少工件变形,同时充分使用切削液。

(4) 一夹一顶装夹工件时,尾座套筒不能伸出太短,以防止车刀返回时床鞍与尾座相碰。

(5) 车螺纹横向进给时,为防止进刀量过大,每次进给后可用粉笔在刻度盘上做标记。

模块 7
切削蜗杆基本知识

◀ **知识目标**

(1) 会计算梯形螺纹和蜗杆各部分尺寸。

(2) 知道梯形螺纹和蜗杆的用途、作用。

(3) 知道梯形螺纹和蜗杆的区别。

◀ **技能目标**

(1) 会刃磨各种螺纹加工刀具。

(2) 学会测量各种螺纹的各部分尺寸。

(3) 熟练掌握车削螺纹和蜗杆的要领。

(4) 学会多线螺纹分线方法。

◀ 项目 1 蜗 杆 ▶

蜗杆、蜗轮组成的运动副常用于减速传动机构中,以传递两轴在空间成 90°交错的运动。

蜗杆的齿形与梯形螺纹很相似,其轴向剖面形状为梯形。常用的蜗杆有米制(齿形角为 40°)和英制(齿形角为 29°)两种。我国大多采用米制蜗杆,故本项目重点介绍米制蜗杆。

在轴向剖面内,蜗杆、蜗轮传动相当于齿条与齿轮间的传动,如图 7-1 所示,同时蜗杆的各项基本参数也是在该剖面内测量的,并规定其为标准值。

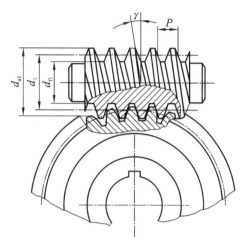

图 7-1 蜗轮蜗杆传动

一、蜗杆主要参数的名称、符号及计算

米制蜗杆的各部分名称、符号及尺寸计算如表 7-1 所示。

从图 7-1 中可以看出蜗杆在传动时是否很好地与蜗轮相啮合,它的螺距 P(轴向齿距)必须等于蜗轮周节。

表 7-1 各部分名称、代号及计算公式　　　　　　　　　　　　　　　　mm

名　称	计 算 公 式	名　称		计 算 公 式
轴向模数(m_x)	(基本参数)	导程角(γ)		$\tan\gamma=\dfrac{L}{\pi d_1}$
齿形角(2α)	$2\alpha=40°$(齿形角 $\alpha=20°$)			
齿距(P)(周节)	$P=\pi m_x$	齿顶宽(f)	轴向	$f_x=0.843m_x$
导程(L)	$L=Z_1 P=Z_1\pi m_x$		法向	$f_n=0.843m_x\cos\gamma$
全齿高(h)	$h=2.2m_x$	齿根槽宽(W)	轴向	$W_x=0.697m_x$
齿顶高(h_a)	$h_a=m_x$		法向	$W_n=0.697m_x\cos\gamma$
齿根高(h_f)	$h_f=1.2m_x$			
分度圆直径(d_1)	$d_1=qm_a$ (q 为蜗杆直径系数)	齿厚	轴向	$s_x=\dfrac{\pi m_x}{2}=\dfrac{P}{2}$
齿顶圆直径(d_n)	$d_n=d_1+2m_x$			
齿根圆直径(d_f)	$D_f=d_1-2.4m_x$ $d_f=d-4.4m_x$		法向	$s_n=\dfrac{\pi m_x}{2}\cos\gamma=\dfrac{P}{2}\cos\gamma$

【例 7-1】 车削如图 7-2 所示的蜗杆,齿顶圆直径 $d_a=42$ mm,齿形角为 20°,轴向模数 $m_x=3$ mm,线数 $Z=1$,求蜗杆的各主要参数。

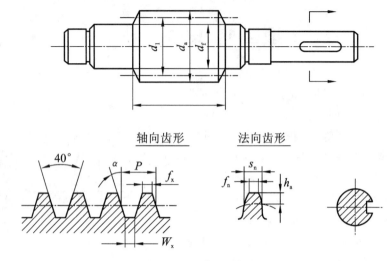

图 7-2　蜗杆示意图

解:根据表 7-1 中的计算公式

周节 $P = \pi m_x = (3.1416 \times 3)$ mm $= 9.425$ mm

导程 $L = Z\pi m_x = (1 \times 3.1416 \times 3)$ mm $= 9.425$ mm

全齿面 $h = 2.2 m_x = (2.2 \times 3)$ mm $= 6.6$ mm

齿顶高 $h_a = m_x = 3$ mm

齿根高 $h_f = 1.2 m_x = (1.2 \times 3)$ mm $= 3.6$ mm

分度圆直径 $d_1 = d_n - 2m_x = (42 - 2 \times 3)$ mm $= 36$ mm

齿根圆直径 $d_f = d - 2.4 m_x = (6 - 2.4 \times 3)$ mm $= 28.8$ mm

齿顶宽(轴向) $f_x = 0.843 m_x = (0.843 \times 3)$ mm $= 2.53$ mm

齿根槽宽 $W_x = 0.697 m_x = (0.697 \times 3)$ mm $= 2.09$ mm

轴向齿厚 $s_n = P/2 = (9.425/2)$ mm $= 4.71$ mm

导程角 $\tan\gamma = L/(\pi d) = 9.425/(3.1416 \times 36) = 0.084$,即 $\gamma = 4°48'$

法向齿厚 $s_n = P/(2\cos\gamma) = 9.425/(2\cos4°48') = (4.71 \times 0.9965)$ mm $= 4.696$ mm

计算结果如图 7-3 所示。

二、蜗杆的测量方法

(1) 齿顶圆直径(公差较大)可用千分尺、游标卡尺测量;齿根圆直径一般采用控制齿深的方法予以保证。

(2) 分度圆直径可用三针或单针测量,方法与测量梯形螺纹相同,计算千分尺的读数值 M 及量针直径 d_D 的简化公式见表 6-21。

(3) 蜗杆的齿厚测量如图 7-4 所示,用齿厚游标卡尺进行测量,它是由相互垂直的齿高卡尺 1 和齿厚卡尺 2 组成的(其刻线原理和读数方法与游标卡尺完全相同)。测量时,将齿高卡尺读数值调到 1 个齿顶高(必须排除齿顶圆直径误差的影响),使卡脚在法向卡入齿廓并做微量往复转动,直到卡脚测量面与蜗杆齿侧平行(此时,尺杆与蜗杆轴线间的夹角恰为导程角),如图 7-4 中 B—B 放大视图所示。

其余 $\sqrt{Ra\ 6.3}$

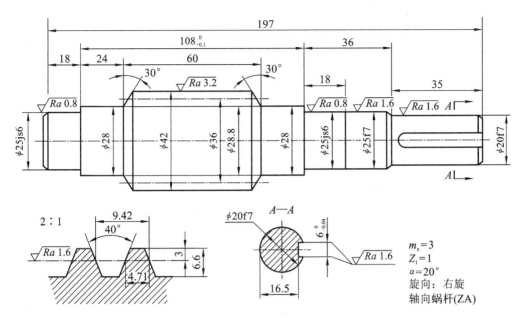

图 7-3 蜗杆零件图

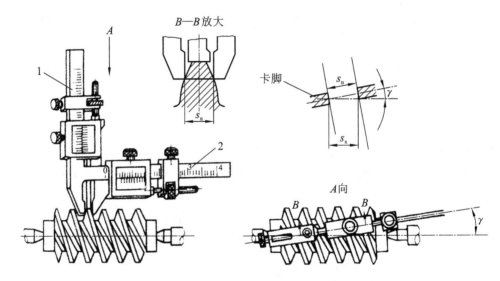

图 7-4 用齿轮游标卡尺测量法向齿厚

1—齿高卡尺；2—齿厚卡尺

此时的最小读数，即是蜗杆分度圆直径上的法向齿厚 s_n，但图样上一般注明的是轴向齿厚。由于蜗杆的导程角 γ 较大，轴向齿厚无法直接测量出来，所以通过在测量法向齿厚 s_n 后，再换算得到轴向齿厚 s_x 的方法来检验其是否正确。

轴向齿厚与法向齿厚的关系是：

$$s_n = s_x \cos\gamma = \frac{\pi m_x}{2}\cos\gamma$$

三、蜗杆的车削方法及技能训练

1. 蜗杆车刀

一般选用高速钢车刀,为了提高蜗杆的加工质量,车削时应采用粗车和精车两阶段。

1) 蜗杆粗车刀(右旋)

蜗杆粗车刀如图 7-5 所示,其刀具角度可按下列原则选择:

(1) 车刀左右刀刃之间的夹角要小于齿形角。

(2) 为了便于左右切削,并留有精加工余量,刀头宽度应小于齿根槽宽。

(3) 切削钢件时,应磨有 $10°\sim15°$ 的径向前角。

(4) 径向后角应为 $6°\sim8°$。

(5) 进给方向的后角为 $(3°\sim5°)+\gamma$,背着进给方向的后角为 $(3°\sim5°)-\gamma$。

(6) 刀尖适当倒圆。

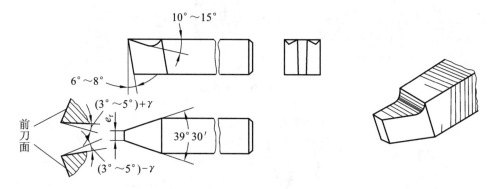

图 7-5　右旋蜗杆粗车刀

2) 蜗杆精车刀

蜗杆精车刀如图 7-6 所示,选择车刀角度时应注意:

(1) 车刀刀刃夹角等于齿形角,而且要求对称,切削刃的直线度要好,表面粗糙度值小。

(2) 为了保证齿形角的正确,一般径向前角取 $0°\sim4°$。

(3) 为了保证左右切削刃切削顺利,都应磨有较大前角($\gamma_。=15°\sim20°$)的卷屑槽。

须特别指出的是:这种车刀的前端刀刃不能进行切削,只能依靠两侧刀刃精车两侧齿面。

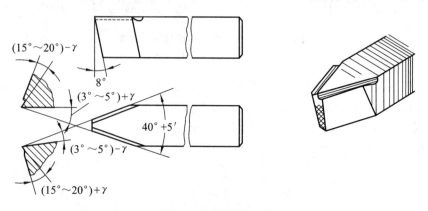

图 7-6　蜗杆精车刀

2. 蜗杆车刀的安装方法

米制蜗杆按齿形可以分为轴向直廓蜗杆(ZA)和法向直廓蜗杆(ZN)。

轴向直廓蜗杆的齿形在蜗杆的轴向剖面内为直线,在法向剖面内为曲线,在端平面内为阿基米德螺旋线,因此又称阿基米德蜗杆(见图 7-7(a))。

法向直廓蜗杆的齿形在蜗杆的齿根的法向剖面内为直线,在蜗杆的轴向剖面内为曲线,在端平面内为延长渐开线,因此又称延长渐开线蜗杆(见图 7-7(b))。

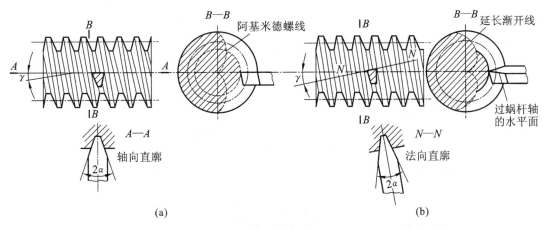

图 7-7　蜗杆齿型的种类

工业上最常用的是阿基米德蜗杆(即轴向直廓蜗杆),因为这种蜗杆加工较为简单。若图样上没有特别标明是法向直廓蜗杆,则均为轴向直廓蜗杆。

车削这两种不同的蜗杆时,其车刀安装方式是有区别的。

车削轴向直廓蜗杆时,应采用水平装刀法。即装夹车刀时应使车刀两侧刃组成的平面处于水平状态,且与蜗杆轴线等高(见图 7-7(a))。

车削法向直廓蜗杆时,应采用垂直装刀法。即装车刀时,应使车刀两侧刃组成的平面处于既过蜗杆轴线所在的水平面、又与齿面垂直的状态(见图 7-7(b))。

加工螺旋升角较大的蜗杆,若此时采用水平装刀法,那么车刀的一侧刀刃将变成负前角,而两侧刀刃的后角一侧增大,而另一侧减小,这样就会影响加工精度和表面粗糙度,而且还很容易引起振动和扎刀现象。为此,可采用图 6-49(b)所示按导程角 γ 调节刀排装刀来进行车削,它可以很容易地满足垂直装刀的要求。操作时,只需使刀体 1 相对于刀柄 2 旋转一个蜗杆导程角 γ,然后用两只螺钉 3 锁紧即可,由于刀体上开有弹性槽,车削时不易产生扎刀现象。

车削阿基米德蜗杆时,本应采用水平装刀法,但由于其中一侧切削刃的后角变小,为使切削顺利,在粗车时也可采用垂直装刀法,如图 7-8 所示,但在精车时一定要采用水平装刀法,以保证齿形正确。

安装模数较小的蜗杆车刀时,可用样板找正;安装模数较大的蜗杆时,通常用万能角度尺来找正,如图 7-9 所示。

3. 蜗杆的车方法

车蜗杆与车梯形螺纹方法相似,所用的车刀刃口都是直线形的,刀尖角 $2\alpha = 40°$。

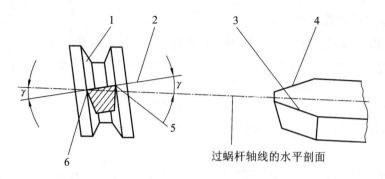

图 7-8　垂直装刀法

1—齿面；2—前刀面；3、6—左切削刃；4、5—右切削刃

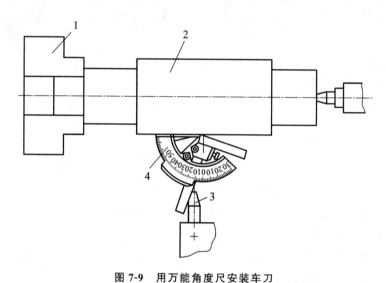

图 7-9　用万能角度尺安装车刀

1—三爪自定心卡盘；2—螺纹工件；3—蜗杆螺纹车刀；4—万能角度尺

首先根据蜗杆的导程（单线蜗杆为周节），在操作的车床进给箱铭牌上找到相应的数据，来调节各有关手柄的位置，一般不需进行交换齿轮的计算。

由于蜗杆的导程大、牙槽深、切削面积大，车削方法比车梯形螺纹困难，故常选用较低的切削速度，并采用倒顺车的方法来车削，以防止螺纹乱牙。粗车时可根据螺距的大小，选用下述三种方法中的任一种方法：

（1）左右切削法　为防止三个切削刃同时参加切削而引起扎刀，一般可选如图 7-5 所示粗车刀，采取左右进给的方式，逐渐车至槽底，如图 7-10(a) 所示。

（2）切槽法　当 $m_x > 3$ mm 时，先用切槽刀将蜗杆直槽车至齿根处，然后再用粗车刀粗车成形，如图 7-10(b) 所示。

（3）分层切削法　当 $m_x > 5$ mm 时，由于切削余量大，可先用粗车刀，按图 7-10(c) 所示方法，逐层地切入直至槽底。精车时，则选用如图 7-6 所示两边带有卷屑槽的精车刀，将齿面精车成形，达到图样要求，如图 7-10(d) 所示。

4．车削蜗杆的技能训练

【练 7-1】　车钢件蜗杆（见图 7-11）。

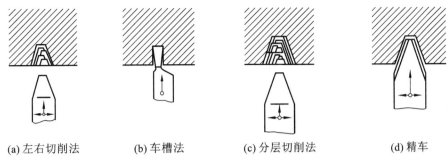

(a) 左右切削法　　　(b) 车槽法　　　(c) 分层切削法　　　(d) 精车

图 7-10　蜗杆的车削方法

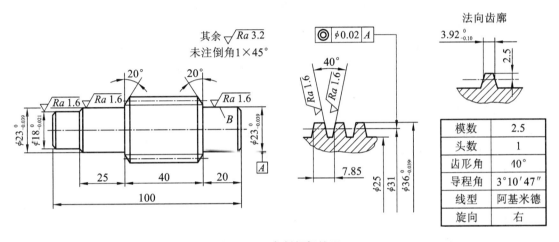

图 7-11　车削蜗杆练习

加工步骤：

（1）用三爪自定心卡盘装夹坯料，坯料伸出长度约 80 mm。

（2）车端面，钻中心孔 A2.5/5.3。

（3）粗车齿顶圆直径至 ϕ37 mm，长度大于 60 mm。

（4）粗车 $\phi23_{-0.039}^{0}$ mm 外圆至 ϕ24 mm，长 19.5 mm。

（5）调头装夹 ϕ37 mm 外圆，找正并夹紧，车平端面保证总长 100 mm，钻中心孔 A2.5/5.3。

（6）粗车 $\phi23_{-0.039}^{0}$ mm 外圆至 ϕ24 mm，长 39.5 mm。

（7）粗车 $\phi18_{-0.02}^{0}$ mm 外圆至 20 mm，长 14.5 mm。

（8）用两顶尖安装工件，分别精车蜗杆齿顶圆直径至 $\phi36_{-0.039}^{0}$ mm，两端各阶台外圆至 $\phi23_{-0.039}^{0}$ mm 及 $\phi18_{-0.02}^{0}$ mm，并倒 $1\times45°$ 角，表面粗糙度达到图样要求。

（9）粗车蜗杆。

① 由于粗车蜗杆切削余量较大，工件宜采取一夹一顶方式安装，故选择 B 端外圆表面作为定位基准，在此表面包铜皮，装夹在三爪自定心卡盘之中，另一端则以后顶尖支撑，以满足形位公差的要求。

② 粗车蜗杆前还应调整交换齿轮箱中齿轮，对于 CA6140 型车床，在车模数蜗杆时应选用齿数分别为 64、100、97 的齿轮。根据工件模数，并按进给箱上铭牌米制蜗杆一栏查出所标注各手柄的位置，并调整各手柄到位。

③ 由于蜗杆齿系轴向直廓蜗杆，故粗车时宜采取垂直装刀法。由于 $m_x=2.5$ mm，可选

择切槽法或左右切削法,均可粗车成形。当粗车齿深至 4.5 mm 及法向齿厚 $s_n=43$ mm 时,开始准备精车。粗车蜗杆时切削速度可选 15～20 m/min。

(10) 精车蜗杆。

① 工件安装方式不变,按水平装刀法安装蜗杆精车刀,先用样板校正车刀,然后用静态法对刀,其方法如下:使车床主轴停转,摇动小滑板使车刀切削刃正好对准已粗车的螺旋槽中,摇动中滑板使车刀前端切削刃与齿根(槽底)接触,记下此时中滑板的刻度值并退回车刀。

② 再用动态法继续精确对刀,其方法如下:在车床主轴旋转过程中,逐步调整中、小滑板,使车刀切削刃对准蜗杆的槽底,记下中滑板刻度值,并调至零位。

③ 精车左侧面。逐步摇动小滑板(中滑板此时摇至与零位相差半格处),使车刀左切削刃与左侧面接触后退回起始位置,以切削深度从 0.05 至 0.01 mm 逐渐递减车削左侧面,同时每次进刀都将中滑板逐步摇至齿根尺寸,如此车削 3～5 次,使表面粗糙度达到图样要求即可。为了保证另一侧有足够的精车余量,应经常用齿厚游标卡尺控制法向齿厚的加工余量。

④ 精车右侧面。与精车左侧面类似,将小滑板摇至与右侧面接触,退回起始位置,逐渐将右侧面车至满足图样要求的法向齿厚尺寸 $s_n=3.92$ mm。

(11) 倒角。用蜗杆车刀两侧切削刃分别倒蜗杆起始和结尾处的角度。

(12) 检查。

5. 注意事项

(1) 刚开始车蜗杆时,应先检查周节是否正确。

(2) 由于蜗杆的导程角较大,车刀的两侧后角应适当增减。

(3) 鸡心夹头应紧靠卡爪并牢固工件,否则车螺纹时容易移位,损坏工件。

(4) 粗车蜗杆时,调整床鞍与机床导轨之间的间隙,使之小些,以减小窜动量。

(5) 粗车较大模数的蜗杆时,应尽量提高工件的装夹刚性,最好采用一夹一顶装夹。

(6) 精车蜗杆时,应注意工件的同轴度。车刀前角应取大些,刃口要平直、锋利。采用低速车削,并充分加注切削液。为了更好地提高齿侧的光洁度,可采用点动(刚开车就立即停车),利用主轴的惯性进行慢速切削。

(7) 车削时,每次切入深度要适当,同时要经常测量法向齿厚,以控制精车余量。

(8) 中滑板手动进给时要防止多摇一圈,以免发生撞刀现象。

(9) 车削蜗杆螺纹在退刀槽处,若带有较大阶台,或退刀处离卡盘很近时,注意及时退刀并操纵主轴反转,防止发生损坏机床和工件的事故。

◀ 项目2 车多线螺纹和多线蜗杆 ▶

一、多线螺纹和多线蜗杆

螺纹和蜗杆有单线和多线之分。沿一条螺旋线所形成的称为单线螺纹(蜗杆),沿两条或两条以上、在轴向上等距分布的螺旋线所形成的称为多线螺纹(蜗杆)。

多线螺纹旋转一周时,能移动单线螺纹的几倍螺距,所以多线螺纹常用于快速移动机构中。可根据螺纹尾部螺旋槽的数目(见图 7-12(a)),或从螺纹的端面上(见图 7-12(b))判定螺纹的线数。

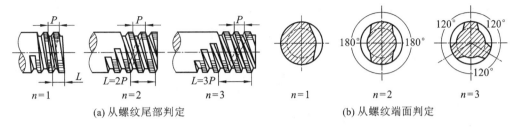

(a) 从螺纹尾部判定　　　　　　　　　(b) 从螺纹端面判定

图 7-12　单线螺纹和多线螺纹

(1) 多线螺纹的导程(L)是指在同一条螺旋线上相邻两牙在中径线上对应两点之间的轴向距离。多线螺纹的导程与螺距的关系为 $L=nP$(mm)。对于单线螺纹(或单线蜗杆),其导程就等于螺距(n 为线数)。

(2) 多线蜗杆的导程(L)是指在同一条螺旋线上的相邻两齿在分度圆直径上对应两点之间的轴向距离。多线蜗杆的导程与轴向齿距(P)的关系为 $L=nP$(mm)。

(3) 多线螺纹的代号表示不尽相同,普通多线三角形螺纹的代号用螺纹特征代号×导程线数表示,如 M48×3/2,M36×4/2 等。

梯形螺纹由螺纹特征代号×导程(螺距)表示,如 Tr40×14(P7)。

在计算多线螺纹或多线蜗杆的螺纹升角及蜗杆导程角时,必须按导程计算。即:

$$\tan\psi=\frac{nP}{\pi d_2}$$

$$\tan\gamma=\frac{nP}{\pi d_1}$$

式中:ψ——螺纹升角;

nP——螺纹导程,n 为螺纹线数;

d_2——螺纹中径;

γ——蜗杆导程角;

d_1——蜗杆分度圆直径。

多线螺纹(蜗杆)各部分尺寸的计算方法与单线相同。

在 CA6140 型车床上车削螺纹和蜗杆时,一般不需要进行交换齿轮计算,只需在走刀箱(进给箱)上的铭牌中根据所车工件的导程找到相应手柄的位置,并使其调整到位即可。但对于在铭牌上查不到的非标螺距(导程),则需按工件导程重新计算,搭配交换齿轮,并使主轴箱输出的运动经过交换齿轮箱,直连丝杠(运动虽然经过进给箱但不改变速比)。

其交换齿轮的计算公式如下:

$$\frac{nP_1}{P_丝}=\frac{z_1}{z_2}\times\frac{z_3}{z_4}$$

式中:nP_1——工件的导程,mm;

$P_丝$——车床丝杠的螺距,mm(CA6140 型车床 $P_丝=12$ mm);

z_1,z_3——交换齿轮箱中主动齿轮齿数;

z_2,z_4——交换齿轮箱中从动齿轮齿数。

按照上式计算,有时只需一对齿轮就可满足要求,则交换齿轮箱中仅有 z_2、z_4 和中间齿轮($z=100$);有时则需两对齿轮才行,那么交换齿轮箱中就有 4 个齿轮即 z_1、z_2、z_3 和 z_4,则不需中间齿轮($z=100$)。

【例 7-2】 若在 CA6140 车床上加工普通多线螺纹 M40×3.75/2,因其导程 3.75 mm 在车床进给箱上的铭牌中没此数据,试计算其交换齿轮。

解:根据有关交换齿轮计算公式:

$$I=\frac{nP_1}{P_丝}=\frac{z_1}{z_2}=\frac{2\times3.75}{12}=\frac{75}{120}$$

则 $z_1=75$,$z_2=120$ 为所求交换齿轮。

式中:I——速比;

nP_1——线数与螺距的乘积(即导程);

$P_丝$——机床丝杠螺距。

还有一种方法如下:对于非标准螺纹,虽然在铭牌上找不到所需导程,但可先在铭牌上选取一个与需要车的工件导程成一定倍数或简单比值的螺距值,经过计算,再调整交换齿轮和手柄位置(此手柄位置为在铭牌上所选的螺距值所对应的手柄位置)。

其计算公式为:

$$i_2=\frac{nP_1}{P}\times i_1$$

式中:i_1——铭牌上原交换齿轮传动比;

i_2——车削非标准螺纹的交换齿轮的传动比;

nP_1——工件导程,mm;

P——铭牌上所选取的螺距,mm。

二、车多线螺纹和多线蜗杆时的分线方法

车削多线螺纹(或蜗杆)与车削单线螺纹(或蜗杆)的不同之处是:按导程计算交换齿轮,按螺纹(或蜗杆)线数分线。

1. 车削多线螺纹(蜗杆)应满足的技术条件

(1) 多线螺纹(蜗杆)的螺距必须相等;

(2) 多线螺纹(蜗杆)每条螺纹的小径(底径)要相等;

(3) 多线螺纹(蜗杆)每条螺纹的牙型角要相等。

车削多线螺纹时,主要是考虑螺纹分线方法和车削步骤的协调,多线螺纹(或蜗杆)的螺旋槽在轴向上是等距离分布的,在端面上螺旋线的起点是等角度分布的,而进行等距分布(或等角度分布)的操作叫分线。

若螺纹分线出现误差,使车的多线螺纹的螺距不相等,则会直接影响内外螺纹的配合性能(或蜗杆与蜗轮的啮合精度),增加不必要的磨损,降低使用寿命。因此必须掌握分线方法,控制分线精度。

根据多线螺纹在轴向和圆周上等距分布的特点,分线方法有轴向分线法和圆周分线法。

2. 轴向分线法

当车好第一条螺旋槽之后,把车刀沿螺纹(或蜗杆)轴线方向移动一个螺距,再车第二条

螺旋槽。按这种方法只需精确控制车刀移动的距离,就可以完成分线工作,具体控制方法可采用:

(1)在车好一条螺旋槽后,用小滑板刻度确定直线移动量分线,利用小滑板刻度使车刀移动一个螺距,再车相邻的另一条螺旋槽,从而达到分线的目的。

小滑板刻度转过的格数 K 可用下式计算:

$$K=\frac{P}{a}$$

式中: P ——螺距;

a ——小滑板刻度盘每格移动的距离,mm。

【例 7-3】 车削 Tr36×12(P=6 mm)螺纹时,车床小滑板刻度每格为 0.05 mm,求分线时小滑板刻度应转过的格数。

解:先求出螺距,从题目中知 P=6 mm,分线时小滑板应转过的格数为 $K=\dfrac{P}{a}=\dfrac{6}{0.05}=$ 120(格)。这种分线方法简单,不需要辅助工具,但分线精度不高,一般用于多线螺纹的粗车,适合于单件、小批量生产。

(2)利用百分表和量块分线在对螺距精度要求较高的螺纹和蜗杆分线时,可用百分表和量块控制小滑板的移动距离(见图 7-13)。把百分表固定在刀架上,并在床鞍上装一固定挡块,在车削前,移动小滑板,使百分表触头与挡块接触,并把百分表调整至零位。当车好第一条螺旋槽后,移动小滑板,使百分表指示的读数等于被车螺纹的螺距。在对螺距较大的多线螺纹(或蜗杆)进行分线时,因受百分表行程的限制,可在百分表与挡块之间垫入一块(或一组)量块,其厚度最好等于工件螺距(或周节),当百分表读数与量块厚度之和等于工件螺距时,方可车削第二条螺旋线。

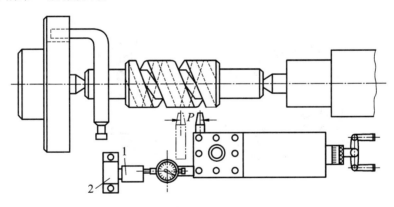

图 7-13 百分表量块分线法

1—量块;2—挡块

3. 圆周分线法

当车好第一条螺旋线后,脱开主轴与丝杠之间的传动联系,使主轴旋转一个角度 θ(θ= 360°/线数),然后再恢复主轴与丝杠之间的传动联系,并车削第二条螺旋线的分线方法称为圆周分线法。

(1)利用三爪自定心卡盘、四爪单动卡盘分线 当工件采用两顶尖装夹,并用卡盘代替拨盘时,可利用三爪自定心卡盘分三线螺纹,利用四爪单动卡盘分双线和四线螺纹。当车好一条螺旋槽之后,只需要松开顶尖,把工件连同鸡心夹头转过一个角度,由卡盘上的另一只卡爪拨动,再用顶尖支撑好后就可车削另一条螺旋槽,这种分线方法比较简单,由于卡爪本身分线精度不高,使得工件分线精度也不高。

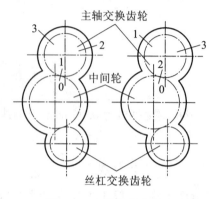

图 7-14 交换齿轮分线法

(2) 利用交换齿轮分线 当车床主轴上交换齿轮(即 z_1)齿数是螺纹线数的整数倍时,就可利用交换齿轮进行分线。分线时,开合螺母不能提起。当车好第一条螺旋线后,在主轴交换齿轮 z_1 上根据螺纹线数等分(见图 7-14,若 $z_1 = 60$, $n = 3$,则 3 等分齿轮于 1、2、3 点标记处),再以 1 点为起始点,在与中间齿轮上的啮合处也做一标记"0"。然后脱开主轴交换齿轮 z_1 与中间齿轮的传动,单独转动齿轮 z_1,当 z_1 转过 20 个齿,到达 2 点位置时,再使主轴交换齿轮 z_1 上的 2 点与中间齿轮上的"0"点啮合,就可以车削第二条螺旋线了。

当第二条螺旋线车好后,重新脱开 z_1 和齿轮的传动,再单独转动主轴交换齿轮 z_1,当又转过 20 个齿到达 3 点位置时,将 z_1 齿轮上的 3 点与中间齿轮上的"0"点啮合,就可以车第三条螺旋线。

利用交换齿轮分线的优点是分线精度高,但比较麻烦。

(3) 用多孔插盘分线 如图 7-15 所示为车多线螺纹(或多线蜗杆)用的多孔插盘,装在车床主轴上,转盘 4 上有等分精度很高的定位插孔 2(分度盘一般等分 12 孔或 24 孔),它可以对线数为偶数的螺纹(或蜗杆)进行分线。

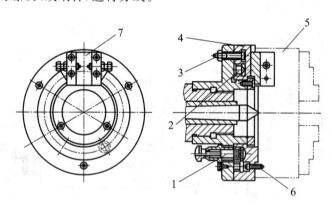

图 7-15 分度盘

1—定位插销;2—定位插孔;3—紧固螺母;4—转盘;5—夹具;6—螺钉;7—拨块

分线时,先停车松开螺母 3 后,拔出定位插销 1,把转盘旋转一个 $360°/n$ 角度,再把插销插入另一个定位孔中,紧固螺母,分线工作就完成了。转盘上可以安装卡盘与夹持工件,也可以装上拨块 7 拨动夹头,进行两顶尖间的车削。

这种分线方法的精度主要决定于多孔转盘的等分精度。等分精确,可以使该装置获得很高的分线精度。多孔插盘分线操作简单、方便,但分线数量受插孔数量限制。

三、多线螺纹和多线蜗杆的车削方法及技能训练

1. 车削多线螺纹和多线蜗杆的方法

车多线螺纹时,绝不可将一条螺旋线车好后,再车另一条螺旋槽。加工时应按下列步骤进行:

(1) 粗车第一条螺旋槽时,记住中、小滑板的刻度值。

(2) 根据多线螺纹的精度要求,选择适当的分线方法进行分线,粗车第二条、第三条甚至更多螺旋槽。如用轴向分线法,中滑板的刻度值应与车第一条螺旋槽时相同。如用圆周分线法时,中、小滑板的刻度值应与第一条螺旋槽相同。

(3) 采用左右切削法加工多线螺纹时,为了保证多线螺纹的螺距精度,车削每条螺旋槽时车刀的轴向移动量(借刀量)必须相等。

(4) 按上述方法精车各条螺旋槽。

2. 技能训练

【练 7-2】 车梯形多线螺纹(见图 7-16)。

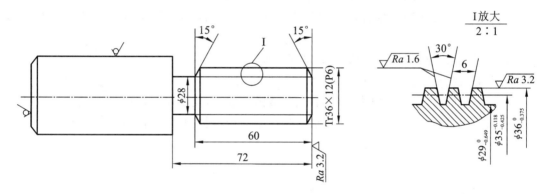

图 7-16 梯形多线螺纹车削练习

加工步骤:

(1) 工件伸出 80 mm 左右,找正夹紧。

(2) 粗、半精车外圆 36 mm×72 mm。

(3) 切槽 28 mm×12 mm 至尺寸。

(4) 两侧倒角 29 mm×15°。

(5) 粗车梯形螺纹。

① 粗车梯形螺纹第一条螺旋槽,其导程为 12 mm。

② 用小滑板分线,其螺距为 6 mm,粗车梯形螺纹第二条螺旋槽。

(6) 精车梯形螺纹大径至 $36_{-0.375}^{0}$ mm,表面粗糙度值达 $Ra3.2\ \mu m$。

(7) 精车梯形多线螺纹,用量块、百分表分线。

① 精车第一条螺旋槽,两侧面表面粗糙度值达 $Ra21.6\ \mu m$。

② 精车第二条螺旋槽,两侧面表面粗糙度值达 $Ra16\ \mu m$。

(8) 用三针测量法测量梯形螺纹中径。

3. 注意事项

（1）多线螺纹导程大，走刀速度快，车削时要防止车刀、刀架及中、小滑板碰撞卡盘和尾座。

（2）由于多线螺纹升角大，车刀两侧后角要相应增减。

（3）用小滑板刻度分线时应做到以下几点。

① 先检查小滑板在合理的位置是否满足行程分线要求。

② 小滑板移动方向必须与车床主轴轴线平行，否则会造成分线误差。

③ 在每次分线时，小滑板手柄转动方向要相同，否则会由于丝杠与螺母之间的间隙而产生误差。在采用左右切削法时，一般先车牙型的各左侧面，再车牙型的各右侧面。

④ 在采用直进法车削小螺距多线螺纹工件时，应调整小滑板的间隙，不能太松，以防止切削时移位，影响分线精度。

（4）用百分表分线时，应使百分表测杆平行于主轴轴线，否则也会产生分线误差。

（5）精车时要多次循环分线，第二次或第三次循环分线时，不准用小滑板赶刀（借刀），只能在牙型面上单面车削，以矫正赶刀或粗车时所产生的误差。经过循环车削，既能消除分线或赶刀所产生的误差，又能提高螺纹的精度和表面粗糙度。

（6）当车完多线螺纹（蜗杆）工件后，应关闭电源，及时调整好交换齿轮以及螺距手柄位置。

（7）多线螺纹分线不正确的原因有以下几种。

① 小滑板移动距离不正确。

② 车刀修磨后，未对准原来的轴向位置，或随便赶刀，使轴向位置移动。

③ 工件未紧固，切削力过大，而造成工件微量移动，则使分线不正确。

模块 8
复杂工件切削基本知识

◀ **知识目标**

（1）了解四爪单动卡盘的结构特征及使用方法。

（2）了解薄壁工件的加工特点。

◀ **技能目标**

（1）学会用四爪单动卡盘车削较复杂零件的方法。

（2）学会加工薄壁工件。

项目1 在四爪单动卡盘上车削较复杂工件

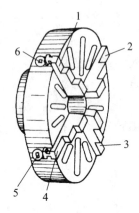

图 8-1 四爪单动卡盘

1、2、3、4—卡爪；5、6—方孔

一、四爪单动卡盘概述

1. 结构特征

四爪单动卡盘有四个各自独立运动的卡爪 1、2、3 和 4（见图 8-1），它们不能像三爪自定心卡盘的卡爪那样同时做径向移动。四个卡爪的背面都有半圆弧形螺纹与丝杆啮合，在每个丝杆的顶端都有方孔，用来插卡盘钥匙的方榫，转动卡盘钥匙，便可通过丝杆带动卡爪单独移动，以适应所夹持工件大小的需要。通过四个卡爪的相应配合，可将工件装夹在卡盘中，与三爪自定心卡盘一样，卡盘背面有定位阶台（止口）或螺纹（老式车床用螺纹连接）与车床主轴上的连接盘连成一体。

2. 装夹、找正工件的方法

在四爪单动卡盘上找正工件的目的，是使工件被加工表面的回转中心与车床主轴的回转中心重合。

1）装夹、找正圆柱形工件

（1）卡爪的定位 首先根据工件装夹处的尺寸调整卡爪，使相对两爪之间的距离略大于工件的直径。四个卡爪的位置可按卡爪端面上的圆弧标注线来调节，使各爪至中心的距离基本相同。

（2）夹紧工件 卡爪在夹紧工件时，将主轴调至空挡位置，左手握卡爪钥匙，右手握住工件，观察工件与卡爪之间的间隙，将上面的卡爪旋进间隙一半的距离，然后用左手将卡爪转过 180°，将相对应的卡爪旋进直至将工件夹紧。接着用同样的方法将另一对卡爪旋紧，到此，仅是初步夹紧工件。

（3）找正工件外圆 以外圆作为找正的参考标准。将划线盘放置在床身上，先使划针靠近工件外圆表面，如图 8-2（a）所示，用手转动卡盘，观察工件与划针之间的间隙大小，调整相应的卡爪位置，其调整量为间隙的一半。处于间隙小位置的卡爪要向靠近圆心方向调整（即紧卡爪），对间隙大位置的卡爪则向远离圆心方向调整（即松卡爪），如此反复调整，当工件旋转一周，外圆表面与划针之间的间隙均匀时，即为校正好。

对于精度要求较高的工件，在划针校正的基础上，再用百分表校正，其找正误差可控制在 0.01 mm 以内，百分表读数偏大位置，说明工件外圆偏向这个方向，应紧卡爪；读数偏小位置，则应松卡爪，直至工件旋转一周，百分表在圆周上各个位置读数相同为止。

（4）找正工件端面 先使划针靠近工件端面边缘处，用手缓慢地转动卡盘，观察划针与工件端面之间的间隙是否均匀，找出端面上离划针最近的位置，然后用铜锤轻轻地向里敲击，如图 8-2（b）所示，敲击量应是间隙差值（即图中所示调整量）。如此反复调整，直到工件旋转一周，划针尖与端面都均匀地接触为止。

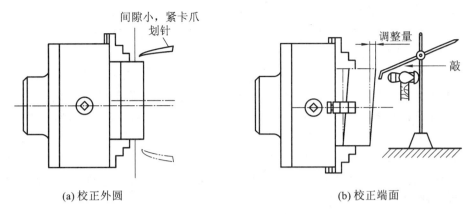

(a) 校正外圆   (b) 校正端面

图 8-2　校正工件示意图

　　要提高校正精度,则应在划针校正的基础上,用百分表进一步校正。使百分表触头与工件端面最外边缘处的平面接触,找出百分表读数最大位置处,如此反复调整,直至工件旋转一周,在端面上各个位置百分表读数相同为止。

　　(5) 找正轴类工件　应先找正近端(A 处)外圆,然后找正远端(B 处)外圆,如图 8-3(a)、(b)所示。

　　(6) 找正盘类工件　除找正外圆外,还必须找正端面,如图 8-3(c)所示。

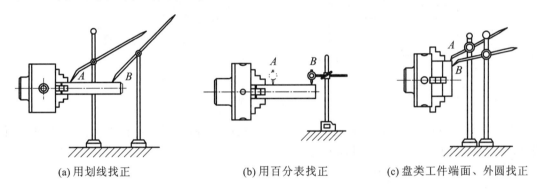

(a) 用划线找正   (b) 用百分表找正   (c) 盘类工件端面、外圆找正

图 8-3　在四爪单动卡盘上工件找正

　　(7) 注意事项。

　　① 用四爪单动卡盘装夹工件,车削前必须用划针找正工件划线,这样可以保证后道工序的正常进行。

　　② 找正工件前,应在导轨面上垫防护木板,以防工件跌坏导轨面。大型工件还应用尾座回转顶尖通过辅助工具顶住工件,防止工件在校正时掉下,发生事故。

　　③ 找正工件时,不能同时松开两只卡爪,以防工件落下。

　　④ 找正时,灯光、针尖与视线角度要配合好,钟表式百分表或杠杆式百分表应按其使用要求放置,否则均会增加测量误差。

　　⑤ 在找正近卡爪处的外圆,发现有极小的径向跳动时,不要盲目地去松开卡爪,可将离旋转中心远的那个卡爪夹紧并做微小的调整。

　　⑥ 在找正盘类零件时,外圆和端面的找正必须同时兼顾。尤其是在加工余量较小的情况下,应着重找正余量少的部分,否则会因余量不够而产生废品。

⑦ 找正工件时要耐心、仔细,不要急躁,注意安全。

⑧ 工件找正后,四爪的夹紧力要基本一致,否则车削时工件容易移位。

2) 不规则工件的找正

虽然不规则工件形状各异,但它们在四爪单动卡盘上加工,仍有一些共同之处,均有待加工的圆柱面(或圆弧面)及其垂直平面。找正时应以待加工的圆柱面事先所划好的找正圆和相应已加工平面或侧素线作为参考标准。找正时,先找正平面或侧素线,然后再找正待加工的圆柱面的轴心线。

例如加工如图 8-4 所示十字轴零件的 $\phi 20^{+0.021}_{0}$ mm,应先找正平面 P,使其与车床主轴轴线垂直,然后再根据所划找正圆来找正 $\phi 20^{+0.021}_{0}$ mm 的轴线,使之与车床主轴轴线重合(找正圆划大些,以提高找正精度)。

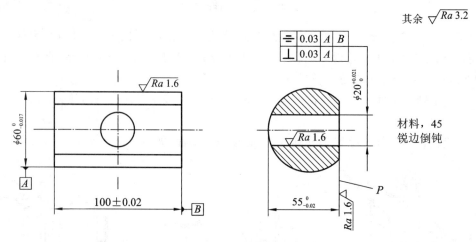

图 8-4 十字轴

找正待加工圆柱面的轴心线的方法与找正圆柱形工件的外圆的方法类似,只不过把所划的找正圆当作圆柱形工件的外圆而已。

3. 优缺点及其应用范围

四爪单动卡盘的优点是夹紧力大,装夹工件牢固,它可以装夹外形复杂而三爪自定心卡盘无法装夹的工件,还可以使工件的轴线实行位移,使之与车床主轴轴线重合。若通过百分表找正,可以达到很高的位置精度。其缺点是工件找正、装夹较麻烦,对操作工人的技术水平要求较高。

适用于四爪单动卡盘装夹、车削工件的类型:

(1) 外形复杂、非圆柱体零件,三爪自定心卡盘无法装夹的工件,如车床的小滑板、方架、交换齿轮箱中的扇形板等。

(2) 偏心类零件,适于加工数量少、偏心距小、长度较短的偏心零件,如偏心轴、偏心套等。

(3) 有孔距要求的零件,但这种零件的孔间距不能太大,否则四爪单动卡盘不便夹紧。孔距较大的零件一般在花盘上加工,或选择其他类型机床加工。

(4) 位置精度及尺寸精度要求高的零件,如十字孔零件。

二、十字孔零件的车削

在四爪单动卡盘上车削复杂零件的关键是找正、安装工件。现以图 8-4 所示十字轴为例,具体说明这类零件的车削方法。

1. 图样分析

该零件形状并不复杂,只是要加工位置精度要求甚高的 $\phi20^{+0.021}_{0}$ mm 的孔时,在三爪自定心卡盘上不易装夹,所以用四爪单动卡盘来安装。

该零件的加工步骤是:先用三爪自定心卡盘安装车出 $\phi60^{0}_{-0.017}$ mm、长 (100 ± 0.02) mm 的圆柱体,然后在四爪单动卡盘上找正、安装,继而车出平面 P,再加工孔 $\phi20^{+0.021}_{0}$ mm。

2. 保证位置精度的方法

由于该零件 $\phi20^{+0.021}_{0}$ mm 孔的轴线对外圆 $60^{0}_{-0.017}$ mm 轴线和轴两端面的中心平面共有三项位置精度要求,必须通过在四爪单动卡盘上仔细地找正才能保证。

由于外圆柱面已加工,所以工件在四爪单动卡盘上装夹时,夹紧处应垫铜片,以免夹伤已加工表面。

1)先用划针进行粗略找正

(1)用划针找正 $\phi20^{+0.021}_{0}$ mm 孔的轴线相对 $60^{0}_{-0.017}$ mm 轴线的对称度。工件按如图 8-5 所示装夹,保证此项位置精度的关键就是使外圆 $60^{0}_{-0.017}$ mm 的轴线处于过车床主轴轴线的剖切平面内。

具体操作方法是:划线盘放在中滑板上,使划针靠近并找正 $\phi60$ mm 外圆的上侧素线,然后向右摇动床鞍移开划线盘。并将卡盘转

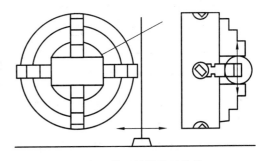

图 8-5 找正轴线的对称线

动 $180°$,仍然用划线盘找平 $\phi60$ mm 外圆的上侧素线(此时划针尖高度不能改变),用透光法比较前后两次划针与上侧素线之间的间隙(见图 8-6)。若 $\Delta1<\Delta2$,$\Delta3$ 小说明工件轴线离划针近,需紧卡爪 1,将工件轴线向远处调整;$\Delta2$ 大说明工件轴线离划针远,需松卡爪 3,以便让工件轴线向近处调整。其调整位移量为两间隙差的一半,即位移量 $=\dfrac{1}{2}(\Delta2-\Delta1)$,如此多次反复找正,使划针与外圆侧素线之间的间隙相等(即 $\Delta1=\Delta2$)为止,随即紧固 1、3 两卡爪。

(2)用划针找正 $\phi20^{+0.021}_{0}$ mm 孔轴线与两端面中心平面的对称度,找正方法与找正外圆上侧素线的方法相同,如图 8-7 所示。

(3)用划针找正 $\phi20^{+0.021}_{0}$ mm 孔轴线与 $60^{0}_{-0.017}$ mm 外圆轴线的垂直度,使划针接触 $60^{0}_{-0.017}$ mm 外圆右上端侧素线,然后将卡盘旋转 $180°$,比较两次划针与侧素线间的间隙,如图 8-8 所示。对于间隙较小的一端,用铜棒轻轻敲击工件,使工件按逆时针方向做微量转动。如此反复比较,反复调整,逐渐达到:当卡盘旋转 $180°$后,两次划针与侧素线间的间隙相等。

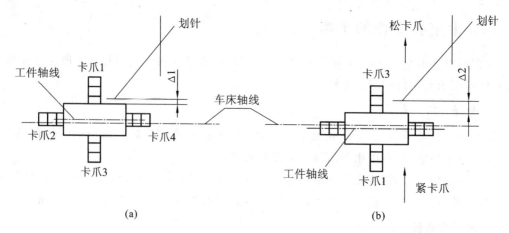

图 8-6　用划线找正轴线对称度

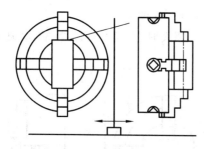

图 8-7　找正孔轴线与两端面对称度

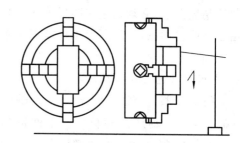

图 8-8　找正轴线的垂直度

2）用杠杆式百分表对工件进行精确找正

划针找正精度较低，达不到零件的技术要求。因此，在用划针粗略找正的基础上，再用百分表找正。这样既可缩短找正的时间，又可以保证找正精度。

（1）用百分表找正轴线对称度　对称度误差不大于 0.03 mm，找正方法与图 8-5 及图 8-6 所示方法相类似，不同的是用百分表代替划线盘。找正时，比较工件转动 180°前后两次用百分表接触 $60_{-0.017}^{0}$ mm 外圆同一高度侧素线的读数之差是否相同或者两次读数之差是否小于 0.03 mm，若两次读数之差大于 0.03 mm，那么，在读数值小的一处将卡爪稍松些，使工件的轴线做微量移动，其位移量等于两读数值之差的一半。

（2）用百分表找正 $\phi20_{0}^{+0.021}$ mm 孔轴线与轴两端面中心平面的对称度　对称度误差不大于 0.03 mm，找正方法与图 8-7 所示方法相类似，只是用百分表取代划线盘，找正时，比较工件转动 180°前后两次用百分表接触两端面在同一高度水平位置时百分表的读数值，是否相等或者两次读数值之差是否小于 0.03 mm，若读数值之差大于 0.03 mm，则在读数值小的一处卡爪不松，而要将对边读数值大的一边卡爪微紧些，使工件产生微量移动，其移动量亦为两次读数值差的一半。如此反复找正，直至满足对称度 0.03 mm 的要求为止。

（3）用百分表找正轴线垂直度，保证垂直度误差不大于 0.03 mm　找正方法与图 8-8 所示方法类似，用百分表替换划线盘即可。找正时，先使百分表接触 $60_{-0.017}^{0}$ mm 圆右上端侧素线，然后比较工件旋转 180°前后两个位置百分表与工件右上端侧素线接触时的读数值，读数值大的一端用铜棒轻轻敲击，使工件向左微移，其移动量为两次读数差的一半。如此反复找正，直至两次读数差值不大于 0.03 mm 时为止。

(4) 用百分表复查三项位置精度。当用百分表找正后面一项精度时,由于工件位置要发生移动,这样势必会使前面一项(或二项)已找正的位置精度发生改变,因此,在找正工件最后一项位置精度后,必须对前面已经找正的几项精度进行复查和纠正并夹紧,直至三项位置精度均满足要求,才能进行车削。

3. 车削平面 P 和内孔 $\phi 20^{+0.021}_{0}$ mm

车削工序步骤如下:

(1) 粗、精车平面 P,保证尺寸 $55^{0}_{-0.02}$ mm;

(2) 钻中心孔 A4/8.5;

(3) 钻孔 $\phi 18$ mm;

(4) 车孔 $\phi 20^{+0.021}_{0}$ mm 至尺寸,表面粗糙度达 $Ra1.6\ \mu m$;

(5) 锐边倒棱。

4. 注意事项

在车削 $\phi 20$ mm 孔端面 P 时,由于断续切削会产生较大的冲击力和振动,工件可能会因此发生移动。所以在精车端面前,应对前述三项找正精度进行复检。垂直度可直接用千分尺测量该轴两端 55 mm 尺寸,其误差应控制在 0.03 mm 以内,对称度仍按前述方法用百分表复检。

5. 检验精度

位置精度检验工件加工完毕后,应检验其精度,判定是否达到图样要求。这里主要分析三项位置精度的检验方法。

(1) 垂直度检验 由于 $\phi 20^{+0.021}_{0}$ mm 与其端面 P 在一次安装中车出,孔轴线与端面是垂直的,孔轴线与 $60^{0}_{-0.017}$ mm 外圆柱面轴线的垂直度,则可转换成检验端 P 与 $60^{0}_{-0.017}$ mm 外圆柱面的轴线(或该圆柱面的侧素线)的平行度不小于 0.03 mm 即可。可以直接用千分尺测量 $60^{0}_{-0.017}$ mm 外圆两端侧素线到端面 P 的距离,其两端测量值之差应不大于 0.03 mm,否则超差。

(2) $\phi 20^{+0.021}_{0}$ mm 孔轴线对 $60^{0}_{-0.017}$ mm 外圆柱面的轴线的对称度检验 用一根 $\phi 20h6$ 测量心棒塞进工件 $\phi 20^{+0.021}_{0}$ mm 内孔中,并一起装夹在 V 形架上(最好是装夹在 160 mm×160 mm 方箱的 V 形槽中),V 形架(或方箱)和百分表座均放在测量平板上,用百分表找正工件上外圆柱面的侧素线的水平位置,并记下此读数值,再将工件旋转 180°,并使其侧素线成水平位置,记下此时百分表读数,然后比较前后两次百分表读数值,其差值应不大于 0.03 mm,否则超差。

(3) $\phi 20^{+0.021}_{0}$ mm 轴线对两端面的对称度检验 方法与图 8-9 所示方法类似,只需将轴从图示位置旋转 90°,使其端面处于水平位置,用百分表进行测量,然后再旋转 180°,使其另一端面转到上面且处于水平位置,检查前后两次百分表的读数之差,应不大于 0.03 mm,否则超差。

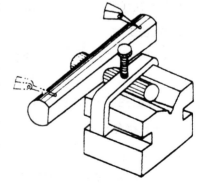

图 8-9 对称度检测

三、有孔间距精度要求零件的车削

有孔间距精度要求的零件宜选用卧式镗床、坐标床进行加工,但有些零件孔间距精度要求一般,或者是该零件还需车内螺纹、内锥面及车外圆等,则选用车床加工较为合适,在车床上车有孔间距精度要求的零件,根据外形特征,可在花盘、角铁或四爪单动卡盘装夹下进行车削。现介绍如图 8-10 所示螺母连杆在四爪单动卡盘上的车削。

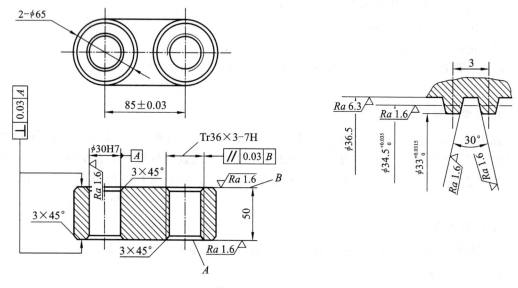

图 8-10　螺母连杆

1. 图样分析

(1) 该零件为 HT200 材料铸件毛坯,其上有两孔,一孔为光孔,另一孔为螺孔,两图样分析距为 85+0.03 mm 且两孔相互平行,上下两端面与轴孔有垂直度要求。该零件由于孔间距不大,且有一孔为螺孔,故可以用四爪单动卡盘装夹车削。

(2) 两面对孔 ϕ30H7 轴线的垂直度为 0.03 mm。

(3) 两孔线平行度为 0.03 mm。螺孔、螺纹齿面及两端面的表面粗糙度值均为 Ra1.6 μm。

2. 准备工作

(1) 工件两端面经粗磨后达到厚度尺寸及表面粗糙度要求以待加工,并使端面间平行度误差不大于 0.01 mm。

(2) 根据图样要求,在一面(如图中 A 平面)上划两孔中心及找正用圆。

3. 连孔操作步骤

1) 车 ϕ30H17 孔

(1) 以未划线的端面(如图中 B 平面)为定位基准,将工件装夹在四爪单动卡盘上,用百分表找正平面 A,使整个平面的跳动量不超过 0.02 mm。

(2) 用划线找正中 ϕ30H7 孔中心,使之与车床主轴的回转中心重合,然后分别夹紧四爪。

（3）粗、精车 30H7 孔到尺寸 $\phi30_0^{+0.021}$ mm，内孔表面粗糙度值达到 $Ra1.6~\mu m$，并将内、外倒角 $3\times45°$。

2）车螺纹孔 $Tr36\times3-7H$

（1）仍以 B 面为定位基准，用划针初步找正 $Tr36\times3-7H$ 螺孔中心，并使平面 A 的跳动量不超过 0.02 mm，然后分别夹紧四爪。

（2）预车孔。钻孔、车孔后孔径公称尺寸为 $\phi24$ mm。

由于划针找正精度较低，达不到图样对中心距的精度要求，通过预车一孔径尺寸，然后根据测量预车孔的实际尺寸和两孔间距的实际尺寸，从而计算出螺孔中心相对于 $\phi30H7$ 孔中心的偏移方向和偏移量，再据此在四爪间修正螺孔中心的位置。为了达到图样要求，有时要进行多次预车孔。为了便于计算，预车孔公称尺寸常取整数尺寸。

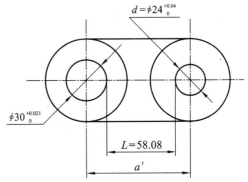

图 8-11　预车孔孔间距修正量计算

（3）计算螺孔中心修正量并确定修正方向。

① 测量预车孔实际尺寸，如测得预车孔的实际尺寸为 $d=\phi24.04$ mm，测得如图 8-11 所示中的 L 尺寸为 58.08 mm。

② 计算预车孔的孔间距的实际尺寸 a' 及其修正量：

$$a'=(15.01+58.08+12.02)~mm=85.11~mm$$

而图样上要求的中心距为 $a=85\pm0.03$ 即 $a_{max}=85.03$ mm，$a_{min}=84.97$ mm，那么，$a'-a_{max}=0.08$ mm，说明孔间距偏大，要向左移；$a'-a_{min}=0.14$ mm，也说明孔间距偏大，也要向左移。

据此预车孔的中心位置要向左移（即向 $\phi30H7$ 孔方向靠拢），通过百分表使修正量控制在 $(0.08\sim0.14)$ mm 范围内即可满足孔间距的要求。

（4）重新调整螺孔中心位置，找正平面，控制其跳动量，并再次预车孔，车好后，仍按上述方法测量 L、d，计算 a'，并比较 a' 与 a，直至使 a 在 $a=(85\pm0.03)$ mm 的公差范围内为止。

（5）粗、精车螺孔至尺寸 $Tr36\times3-7H$。

4. 检验

（1）孔间距检验可用刻度值为 0.02 mm 游标卡尺检验。

（2）垂直度和平行度的检验可参照图 8-8、图 8-9 所示方法进行。

◀ 项目 2　车薄壁工件 ▶

一、薄壁工件的加工特点

车薄壁工件时，由于工件的刚性差，在车削过程中，可能产生以下现象。

（1）因工件壁薄，在夹紧力的作用下容易产生变形，从而影响工件的尺寸精度和形状精度。

（2）如图8-12(a)所示工件夹紧后，在夹紧力的作用下，会略微变成三边形，但车孔后得到的是一个圆柱孔。当松开卡爪、取下工件后，由于弹性恢复，外圆恢复成圆柱形，而内孔则变成如图8-12(b)所示的弧形三边形。若用内径千分尺测量时，各个方向直径 D 相等，但已变形，不是内圆柱面了，称为等直径变形。

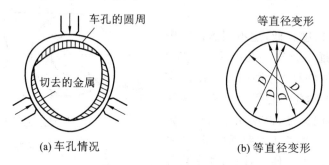

图 8-12　薄壁工件的夹紧变形

（3）因工件较薄，切削热会引起工件热变形，使工件尺寸难于控制。

对于线膨胀系数较大的金属薄壁工件，在半精车和精车的一次安装中连续车削，所产生的切削热引起了工件的热变形，对其尺寸精度影响极大，有时甚至会使工件卡死在夹具上。

（4）在切削力（特别是径向切削力）的作用下，容易产生振动和变形，影响工件的尺寸精度、形状、位置精度和表面粗糙度。

二、薄壁工件的加工方法

为了减少和防止薄壁工件变形，特别设计切削薄壁套夹具，增加装夹接触面采用开缝套筒。车削步骤如下：

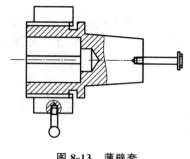

图 8-13　薄壁套

选用直径适当的 45 钢圆棒料，在机床上车削与主轴圆锥相配的圆锥柄，在端面车削内螺纹，用拉杆螺丝锁紧在后尾孔上，然后装在主轴内孔上，钻所需内孔，深度比薄壁套稍深一些，扩孔直径与薄壁套之间间隙配合。在外径上切削外圆锥梯形螺纹，取下工件在铣床上均分三个，直铣槽起松涨作用，在车床上车削一个与胀套相配的缩紧内螺母，在螺母外圆上均分三孔，钻削攻螺纹与手柄螺纹相配，用螺母手柄能快速装卸工件，在用锉刀修光夹具内孔，如图 8-13 所示薄壁套。

工件夹紧用松胀套锁紧工件的原理，具有用力均匀、接触面大的优点，全面受力，锁紧装置牢靠不变形，还有同轴度高的优点。

加工薄壁套的方法：切削薄壁套，先粗加工端面内孔，用适当的钻头钻出内孔，外圆与松胀套间隙配合，把粗加工好的工件装入夹具内锁紧螺母即可，切削内孔时需要用冷却液以防热变形。加工至要求尺寸精度，松开螺母，取下工件即可。

附　　录

附表1　普通螺纹直径与螺距系列

公称直径 D、d			螺距 P										
第一系列	第二系列	第三系列	粗牙	细牙									
				4	3	2	1.5	1.25	1	0.75	0.5	0.35	0.25	0.2
1			0.25											0.2
	1.1		0.25											0.2
1.2			0.25											0.2
	1.4		0.3											0.2
1.6			0.35											0.2
	1.8		0.35											0.2
2			0.4										0.25	
	2.2		0.45										0.25	
2.5			0.45									0.35		
3			0.5									0.35		
	3.5		(0.6)									0.35		
1			0.7								0.5			
	1.5		(0.75)								0.5			
5			0.8								0.5			
		5.5									0.5			
6			1							0.75	0.5			
		7	1							0.75	0.5			
8			1.25						1	0.75	0.5			
		9	(1.25)						1	0.75	0.5			
10			1.5					1.25	1	0.75	0.5			
		11	(1.5)						1	0.75	0.5			
12			1.75				1.5	1.25	1	0.75	0.5			
	14		2				1.5	1.25	1	0.75	0.5			
		15					1.5		(1)					
16			2				1.5		1	0.75	0.5			

续表

公称直径 D、d			螺距 P											
第一系列	第二系列	第三系列	粗牙	细牙										
				4	3	2	1.5	1.25	1	0.75	0.5	0.35	0.25	0.2
		17					1.5		(1)					
	18		2.5			2	1.5		1	0.75	0.5			
20			2.5			2	1.5		1	0.75	0.5			
	22		2.5			2	1.5		1	0.75	0.5			
24			3			2	1.5		1	0.75				
		25				2	1.5		(1)					
		26					1.5							
	27		3			2	1.5		1	0.75				
		28				2	1.5		1					
30			3.5		(3)	2	1.5		1	0.75				
		32				2	1.5							
	33		3.5		(3)	2	1.5		1	0.75				
		35					1.5							
36			4		3	2	1.5		1					
		38					1.5							
	39		4		3	2	1.5		1					
		40			(3)	(2)	1.5							
42			4.5	(4)	3	2	1.5		1					
	45		4.5	(4)	3	2	1.5		1					
48			5	(4)	3	2	1.5		1					
		50			(3)	(2)	1.5							
	32		5	(4)	3	2	1.5		1					
		55		(4)	(3)	2	1.5							
56			5.5	4	3	2	1.5		1					
		58		(4)	(3)	2	1.5							
	60		(5.5)	4	3	2	1.5		1					
		62		(4)	(3)	2	1.5							
64			6	4	3	2	1.5		1					
		65		(4)	(3)	2	1.5							
	68		6	4	3	2	1.5		1					

附表 2

公称直径 D、d			螺距 P					
第一系列	第二系列	第三系列	细牙					
			6	4	5	2	1.5	1
		70	(6)	(4)	(3)	2	1.5	
72			6	4	3	2	1.5	1
		75		(4)	(3)	2	1.5	
	76		6	4	3	2	1.5	1
		78				2		
80			6	4	3	2	1.5	1
		82				2		
	85		6	4	3	2	1.5	
90			6	4	3	2	1.5	
	95		6	4	3	2	1.5	
100			6	4	3	2	1.5	
	105		6	4	3	2	1.5	
110			6	4	3	2	1.5	
	115		6	4	3	2	1.5	
	120		6	4	3	2	1.5	
125			6	4	3	2	1.5	
	130		6	4	3	2	1.5	
		135	6	4	3	2	1.5	
140			6	4	3	2	1.5	
		145	6	4	3	2	1.5	
	150		6	4	3	2	1.5	
		155	6	4	3	2		
160			6	4	3	2		
		165	6	4	3	2		
	170		6	4	3	2		
		175	6	4	3	2		
180			6	4	3	2		
		185	6	4	3	2		
	190		6	4	3	2		
		195	6	4	3	2		

公称直径 D、d			螺距 P					
第一系列	第二系列	第三系列	细牙					
			6	4	5	2	1.5	1
200			6	4	3	2		
		205	6	4	3			
	210		6	4	3			
		215	6	4	3			
220			6	4	3			
		225	6	4	3			
		230	6	4	3			
		235	6	4	3			
	240		6	4	3			
		245	6	4	3			
250			6	4	3			
		255	6	4	3			
	260		6	4	3			
		265	6	4	3			
		270	6	4	3			
		275	6	4	3			
280			6	4	3			
		285	6	4	3			
		290	6	4	3			
		295	6	4	3			
		300	6	4	3			
		310	6	4				
320			6	4				
		330	6	4				
	340		6	4				
		350	6	4				
360			6	4				